面点工艺学实验技术

主　编　张　敏
副主编　王寅嵩　张　慧　孙　立
主　审　陈存武　张伟敏

合肥工学大学出版社

编写委员会

主 任 委 员：张　敏（皖西学院）

副主任委员：王寅嵩（皖西学院）

　　　　　　张　慧（安徽财经大学）

　　　　　　孙　立（皖西学院）

编　　　　委：（排名不分先后）

　　　　　　陈乃东（皖西学院）

　　　　　　陈存武（皖西学院）

　　　　　　刘　东（皖西学院）

　　　　　　余子君（皖西学院）

　　　　　　冯　敏（重庆工商大学）

　　　　　　韩浩兰（皖西学院）

　　　　　　杨文龙（皖西学院）

　　　　　　闵运江（皖西学院）

　　　　　　乔德亮（皖西学院）

　　　　　　佘德勇（皖西学院）

　　　　　　孙　静（皖西学院）

沈梦娇（贵阳学院）

汪学军（皖西学院）

王储炎（合肥学院）

夏紫薇（合肥工业大学）

姚　嫚（皖西学院）

袁先玲（四川轻化工大学）

殷智超（皖西学院）

张　莉（皖西学院）

张珍林（皖西学院）

朱苗苗（皖西学院）

华　梦（皖西学院）

朱梦婷（皖西学院）

主　　　审：陈存武（皖西学院）

张伟敏（海南大学）

前　言

　　面点工艺学实验技术指导是学习食品科学与工程专业及烹饪专业的一门主要的、实践性强的技术专业课。编者根据教育部高等学校食品科学与工程类专业教学指导委员会的要求，考虑到高等院校的培养要求及职业教育特点，本着系统化、科学化、现代化及适用性的原则，编写了本书。本书可作为高等院校食品工程及烹饪专业或相关专业实验教材，也可作为高职高专层次的面点工艺学教材，还可作为食品生产企业技术人员的学习资料。

　　本书内容主要包括中式面点和西式面点的制作两大部分，既有对中西式面点制作理论系统的讲述，又有教学示范案例，理论与实践相结合。教材中各种面点的制作，包括从原料的选择到面团的调制、馅心的制备、生坯的定型，再通过熟制而成为人们餐桌上的经典的全过程。配图主要来自实践教学中收集的学生作品，图文并茂，一目了然。实验教学案例主要来自不同地区特色风味面点制作介绍，便于读者全面了解中西式面点的概貌。

　　本书由张敏担任主编，由王寅嵩、张慧、孙立担任副主编，他们从事理论与实践教学十几年，具有丰富的一线实践教学经验。本书同时吸收了较多高等院校一线的人员参与编写，目的在于更好地总结这十几年来的教学经验。本书由张敏负责草拟编写大纲，组织编写队伍，各章节具体的分工是：张敏编写第一章实验一到实验三十五，第二章实验一到实验十九；张慧编写第一章实验三十六到实验四十三，王寅嵩编写第二章实验二十到实验二十四；孙立编写第二章实验二十五到实验二十九；陈存武、张伟敏主审；张伟敏、冯敏、袁先玲、朱苗苗、姚嫚、韩浩兰、孙静、朱梦婷等参与修改、审稿和完稿。全书稿件的初审和最后统稿由张敏完成。本书编写人员分别来自皖西学院、海南大学、重庆工商大学、四川轻化工大学等高校，他们的编写工作得到了各校有关领导的支持，谨此致谢。

在本书的编写过程中还得到了合肥工业大学出版社和安徽中药资源保护与持续利用工程实验室的大力支持，在此表示衷心的感谢；在编写本书的过程中参考了一些文献，向相关作者深致谢意。

虽然各位参与人员已全力以赴，但书中仍存在一些需要改进的地方，恳请广大读者批评指正。

张 敏

于皖西学院

目　　录

第一章　中式面点的制作

一、面点的定义

面点从广义上讲，泛指以各种粮食（如米类、麦类、杂粮类等）、果蔬、水产等为原料，配以多种馅料制作而成的各种点心和小吃；从狭义上讲，特指利用粉料（主要是面粉和米粉）调制面团制成的面食小吃和正餐筵席的各式点心。

二、中式面点的起源

中式面点具有悠久的历史，远在三千多年前的奴隶社会初期，劳动人民就学会了种植谷麦，并把它当作了主要食品。面食的起源相传在春秋战国时期，是由于当时生产力的发展，小麦种植面积扩大，人们对食品水平要求相应提高的结果，但那时的面食还处在初期阶段。到了汉代，面食技术有了进一步的发展，有关面食的文字记载增多，并出现了"饼"的名称。西汉史游所著《急就篇》中载有"饼饵麦饭甘豆羹"，饼饵即饼食，一般指扁圆形的食品。东汉刘熙著的《释名》中也载有"饼，并也，溲面使合并也"，溲面就是现在的发酵面，这些充分说明人们当时已能利用发酵技术调制面坯。民间传说诸葛亮发明馒头，虽无文字记载，但当时既然能利用酵面制作蒸饼，则利用酵面蒸做馒头也是有可能的。汉代的面食品种对以后面点技术的发展产生了重大的影响。根据文字记载，在唐朝已经有"点心"之名。宋人吴曾所著的《能改斋漫录》中说："世俗例以早晨食为点心，自唐时已有此语。"既然食用点心已成为"世俗例"，可见当时点心的普遍性。这也说明，自唐朝以来，面点的制作工艺水平有了明显提高，制品的花色增多，为我国面点的发展奠定了一定的基础。清代是我国面点技术发展的鼎盛时期，出现了以面点为主的筵席。新中国成立后，在党和政府的关心和重视下，各地厨师在继承前辈技术经验的基础上，不断总结、交流与创新，使我国古老的面点技术得到进一步发扬和提高，成为我国烹调园地中的一朵奇葩，在世界各地盛开。

三、中式面点的分类

我国幅员辽阔、地大物博，各地物产和生活习惯的不同，致使面点制作在选料、口味、制作方法等方面体现了不同的风格，形成了许多地方特色。在长期发展中，人们经过不断实践和广泛交流，创制了品种繁多、花色各异的面点，逐渐形成了我国面点的风味和流派特色。习惯上，我国面点分为两大风味，即"南味"和"北味"，具体又分为"广式""苏式""京式"三大特色（或流派）。所谓"南味"与"北味"，是根据所处的地理位置来划分的，通常以秦岭—淮河一带为南北分界线，秦岭—淮河以北的称为北味面点，以南的称为南味面点。

（一）广式面点

广式面点指珠江流域及南部沿海地区所制作的面点，以广东为代表。广式面点富有南国风味、制作精美，在传统风格之上又吸取了部分西式点心（海派点心）的制作技艺，品种更为丰富多彩，自成一格。广式面点注重形态和色泽，使用油、糖、蛋、乳品等辅料多，馅心选用原料广泛、多样，口味鲜香滑爽、油而不腻。广式面点善于利用一些果蔬类、杂粮类、水产品类等制作坯料，富有代表性的品种有叉烧包、虾饺、甘露酥、马蹄糕等。

（二）苏式面点

苏式面点指长江下游江浙地区所制作的面点，以江苏为代表。苏式面点具有色、香、味俱佳的特点，特别是馅心不仅口味浓、色泽深、咸中带甜，形成独特的风味，而且大多掺入皮冻，皮薄馅大、汁多肥嫩、味道鲜美。在苏式面点中，苏州的糕团名扬中外，其中百年老店黄天源糕团店用米粉制成的糕团，形状各异，有方的、长的、圆的，红里透白，褐中映粉，五颜六色，甚为美观，因采用天然的香料而备受人们喜爱。

（三）京式面点

京式面点泛指黄河以北的大部分地区，包括山东、华北、东北等地区所制作的面点，以北京为代表。京式面点品种丰富，有以面粉、杂粮为原料的点心，也有各式面食。例如，被称为北方四大面食的抻面、削面、小刀面、拨鱼面，制作技术精湛，口感爽滑、筋道，别有风味。

四、蒸制面点制作总述

蒸就是把面点制品的生坯放在笼屉（或蒸箱）内，利用蒸汽温度的作用，使生坯成熟的一种方法。

（一）蒸制的成熟原理

生坯上屉后，屉中的蒸汽温度主要通过传导的方式，把热量传给生坯。

生坯受热后，其中的淀粉开始膨润糊化，在糊化过程中吸收水分变为黏稠胶体；出屉后温度下降，就冷凝为胶体，使制品具有光滑的表面。蛋白质受热后，发生了热变性，开始凝固，并排出其中的结合水；温度越高，变化越大，直至蛋白质完全变性凝固，面点制品就成熟了。

（二）蒸制法的特点

蒸制品的成熟是由蒸锅内的蒸汽温度所决定的，但蒸锅内的蒸汽温度与火力大小及气压高低有关，蒸制品的温度大多在100℃以上，高于煮的温度低于炸烤的温度。蒸制法有以下几个特点：

1. 适应性强

蒸制法是面点制作中应用最广泛的熟制方法。除油酥面团和部分化学膨松面团外，其他各类面团都可使用。

2. 膨松柔软

在蒸制过程中，保持较高温度和较大湿度，面点制品不仅不会出现失水、失重、碳化等现象，还能吸收一部分水分。同时，酵母膨松剂有产生气体的作用，因此大多数面点制品膨胀松软、体积胀大、重量增加、富有弹性，冷却后形态光亮，入口柔软。

3. 形态完整

形态完整是蒸制法的显著特点。在蒸制过程中，自生坯摆屉后，不应再移动制品直至其成熟下屉，使成品保持完整形态。

（三）蒸制操作

蒸制操作有两种：一种是用锅蒸制；另一种是用蒸箱蒸制。现将常用的锅蒸制法介绍如下：

1. 蒸制加水

锅内加水量应以六分满为宜。若水量过满，则水热沸腾，从而冲击、浸湿笼屉，影响制品质量；若水量过少，则产生气体量不足，易使制品干瘪变形、色泽暗淡。

2. 生坯摆屉

摆屉前应先垫好屉布或其他可垫物，再将生坯摆入笼屉。摆屉时，要按统一的间隔距离摆好放齐，其间距要使生坯在蒸制过程中有充分的膨胀余地，以免粘在一起。另外，要注意口味不同的制品及成熟时间不同的制品，不能同屉蒸。

3. 蒸前饧放

蒸制的面点品种，有的上屉前需饧一段时间，特别是酵母膨松面团等品种，待其成形后，饧制一会儿，可使组织更有弹性。饧面的温度和时间直接影响制品的质量。

4. 水沸上屉

无论蒸制什么样的品种，首先都必须把水烧开，蒸汽上升时才能放上笼屉。在蒸制过程中，笼屉盖要盖紧，防止漏气，以保持屉内温度均匀。

5. 蒸制时间

蒸制时只有掌握好蒸制品的成熟时间，才能保证制品质量。由于面点品种不同，所用的面团、原料、馅心及质量的要求也不同，所以蒸制时间也不相同。有的须用旺火，有的须用慢火长时间蒸制。因此，要正确掌握制品的蒸制时间，使制品被蒸熟并达到质、色、味恰到好处的效果。

6. 成熟下屉

制品成熟后要及时下屉，以防止冷凝水回滴，这样既能够保证坯皮的光滑，又能够防止粘屉，还能够防止因坯皮破损而影响美观以及制品掉底漏汤。

实验一　馒头的制作

一、实验目的

（1）掌握手工馒头制作工艺。

（2）熟悉各种馒头制作的基本原理及要领。

二、产品简介

在馒头的制作中需要用到酵母。酵母分为鲜酵母、干酵母两种，是一种可食用的、营养丰富的单细胞微生物，营养学上把它叫作"取之不尽的营养源"。除了蛋白质、碳水化合物、脂类，酵母还富含多种维生素、矿物质和酶类。利用酵母做发酵剂可以使面团中产生大量二氧化碳气体，二氧化碳受热膨胀，由此制作而成的包子、馒头、面包等，其所含的营养成分比大饼、面条要高出 3～4 倍。

明人郎瑛在《七修类稿》中记载了"馒头"一词的由来："蛮地以人头祭神，诸葛之征孟获，命以面包肉为人头以祭，谓之蛮头，今讹而为馒头也。"由此可见，早期的馒头是有馅的，等同于今天的包子。

馒头是我国特色传统面食之一，在北方被称为"馍""馍馍""卷糕""大馍""蒸馍""面头""窝头""炊饼""干粮"等；在江浙地区被称为"白馒头""实心馒头""实心包"等；其他地方则被称为"馒头"或"淡包"。馍头一般呈半圆形，外表平整，每逢节日人们会在其顶部印上大红印。通常北方人选择馒头作为主食，此类产品是以单一的面粉或数种面粉为主料，除发酵剂外一般少量或不添加其他辅料（添加辅助原料用以生产花色馒头），经过和面、发酵和蒸制等工艺加工而成。我国幅员辽阔、民族众多，由于人们的口味不同，馒头做法各异，由此发展出了各式各样的馒头（图 1-1）。馒头根据风味、口感可分为以下几种：

（1）北方硬面馒头。在我国北方的一些地区，如山西、河北、山东、河南、陕西等地，百姓喜爱以此类馒头作为日常主食。依形状不同，此类馒头又可分为刀切形馒头、机制圆馒头、手揉长形杠子馒头、挺立饱满的高庄馒头等。

图 1-1　各式馒头

（2）软性北方馒头。在我国中原地带，如河南、陕西、安徽、江苏等地人们多以此类馒头作为日常主食。此类馒头可分为手工制作的圆馒头、方馒头和机制圆馒头等。

（3）南方软面馒头。它是我国南方人习惯的馒头类型。多数南方人以大米为日常主食，而以馒头和面条为辅助主食。南方软面馒头颜色较北方馒头白，而且大多带有添加的风味，如甜味、奶味、肉味等。此类馒头有手揉圆馒头、刀切方馒头、体积非常小的麻将形馒头等品种。

（4）杂粮馒头。常见的有玉米面、高粱面、红薯面、小米面、荞麦面等为主要原料或在小麦粉中添加一定比例的此类杂粮生产的馒头产品。此类馒头有一定的保健作用，例如，高粱有促进肠胃蠕动、预防便秘的作用；荞麦有降血压、降血脂的作用。杂粮馒头有着特别的风味口感，很受消费者喜爱。

（5）营养强化馒头。此类馒头含有强化蛋白质、氨基酸、维生素、纤维素、矿物质等。出于主食安全性和成本方面的考虑，大多强化添加料由天然农产品加工而来，包括植物蛋白产品、果蔬产品、肉类及其副产品和谷物加工的副产品等。例如，加入蛋白粉以强化蛋白质和赖氨酸，加入骨粉强化钙、磷等矿物质，加入胡萝卜增加维生素 A，加入处理后的麸皮增加膳食纤维等。

（6）点心馒头。此类馒头是以特制小麦面粉为主要原料，如雪花粉、强筋粉、糕点粉等，适当添加辅料而生产出的组织柔软、风味独特的馒头，如奶油馒头、巧克力馒头、开花馒头、水果馒头等。此类馒头一般个体较小，其风味和口感可以与烘焙发酵面食相媲美。作为点心，其消费量较少，但很受儿童欢迎，也可作为宴席面点。

三、设备与用具

蒸锅、和面机、擀面杖、榨汁机、电子秤、刀具、砧板、盘子、不锈钢盆等。

四、实验原料

面粉 5000g、酵母 50g、水 2600～2800g、泡打粉 50g、白糖 100～200g、盐 10～20g（天热时加入，防止过度发酵）。

五、工艺流程

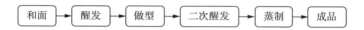

和面 → 醒发 → 做型 → 二次醒发 → 蒸制 → 成品

六、操作要点

（一）和面

（1）面粉中加入泡打粉拌匀。

（2）白糖用水化开后加入酵母搅拌均匀，待酵母活化，制成酵母活化液。

（3）将酵母活化液加入面粉中和团并充分揉光滑，或用压面机将面团压光滑。

（二）醒发

将面团置于温度约为 30℃ 的温暖处醒发至原面团的两倍大小，用手扒开呈蜂窝状时即可根据需要做型。

（三）做型

面团揉透揉匀后搓成长条，快刀切成相应方形剂子，剂子口朝下，摆在笼屉上，中间间隔一定距离。北方的馒头一般是把长面条切成剂子之后，再把剂子揉成底平顶圆的形状。

（四）二次醒发

做型后的生坯放入笼屉后再次于 28～30℃ 温暖处醒发约 30min。

（五）蒸制

将笼屉在旺火上蒸 20min，关火静置 2～3min 即可取出馒头。

七、成品特点

色泽：洁白或微偏黄，表面光滑，有一定光泽度。

气味：清香或有浓郁的麦香，不同花色品种的馒头带有相应的香气。

口感：咀嚼时有淡淡的甜味，南方馒头放糖偏多，味道偏甜。

组织：表面光滑、有光泽，内部组织细腻，蓬松柔软，呈细密的蜂窝状。

备注：

（1）天冷时酵母用量为 5～10g/500g 面粉，且天冷时用温水，水量取多；天热时用凉水，水量取少。面软发得快，筋小发得快。

（2）发面时，如果面团似发非发，则可在面团中间挖个小坑，倒进两小杯白酒，放置 10min 后，面团即可发开。发面时如果没有酵母，则可用蜂蜜代替，每 500g 面粉加蜂蜜 15～20g。面团揉软后，盖湿布 4～6h 即可发起。蜂蜜发面蒸出的馒头松软清香、入口回甜。

（3）冬天室内温度低，发面需要的时间较长，发酵时在面粉里放点白糖，可以缩短发面的时间。

（4）在发酵的面团里，人们常要放入适量碱来除去酸味。检查用碱量是否适中，可将面团用刀切一块，上面若有芝麻粒大小均匀的孔，则说明用碱量适宜。

（5）蒸出的馒头，若因碱放多了变黄，并且碱味难闻，则可在蒸过馒头的水中加入食醋 100～160g，把已蒸过的馒头再放入锅中蒸 10～15min，馒头即可变白且无碱味。

（6）蒸馒头时，在面粉里放一点盐水，可以促进发酵，蒸出的馒头又白又暄。

八、关键总结

（1）三揉。和面时揉透发酵，发酵后揉透下剂，下剂后反复揉圆。

（2）两发。和面后一次发透，生坯制作完成后二次醒发 30min。

（3）馒头冷水上锅，旺火烧开，中火蒸熟，关火后静置 2～3min 后再开盖。

九、判断生熟

蒸馒头判断生熟有以下几种方法：

（1）用手轻拍馒头，有弹性即熟。

（2）撕一块馒头的表皮，若能揭开皮即熟，否则未熟。

（3）手指轻按馒头，凹坑很快平复的为熟馒头，凹陷下去不复原的说明未蒸熟。

十、思考题

1. 做型后的馒头生坯为什么要进行二次醒发？

2. 加快面团醒发可采取哪些措施？

实验二　包子的制作

一、实验目的

（1）掌握包子不同馅心的制作方法及其区别。

（2）掌握发面团的制作技巧及包子的制作手法。

二、产品简介

包子（图1-2）本称馒头（蛮头），别称笼饼，是一种饱腹感很强的主食，是人们生活中不可或缺的传统食品。包子是由面和馅（荤馅或者素馅）做成的，做好的包子皮薄馅多、松软好吃。包子还可以做出各种花样，如动物的、植物的等，供人们品尝。

图1-2　包子

中国人食用包子的历史，至少可追溯到战国时期，当时称其为"蒸饼"。三国时，包子有了自己正式的名称，即"蛮头"。相传，诸葛亮七擒七纵收服孟获时行到泸水，军队无法渡河，于是将牛羊肉斩成肉酱拌成肉馅，在外面包上面粉，做成人头模样用以祭神后，大军才顺利渡河。这种祭品被称作"蛮首"，也叫作"蛮头"，后来被称为"馒头"。唐宋年间，馒头（包子）逐渐成为富人家的主食。

"包子"一词最早出现自宋代，南宋《梦粱录》中的"酒肆"记载："更有包子酒店，专卖灌浆馒头、薄皮春茧包子、虾肉包子……"可以看出，这时包子的馅料已经非常丰富，不过依旧对馒头、包子不做具体划分。到了清代，馒头和包子终于有了明确的区分。《清稗类钞》中记载："馒头，一曰馒首，屑面发酵，蒸熟隆起成圆形者，无馅，食时必以肴佐之。""南方之所谓馒头者，亦屑面发酵蒸熟，隆起成圆形，然实为包子，包子者，宋已有之。"此时，"包子"和"馒头"的称谓才渐渐分化，但吴语区等地仍保留古称，将含馅者唤作"馒头"，如"生煎馒头""蟹粉馒头"等。

三、设备与用具

蒸锅、蒸笼、电子秤、刀具、砧板、勺子、擀面杖、不锈钢盆、筷子等。

四、实验原料

（一）面团原料

面粉 500g、酵母 5g、水 260～280g（冬暖夏凉）、泡打粉 5～6g、盐 1～2g（天热时才加）、白糖 20～25g。

（二）馅料

（1）韭菜粉丝馅：韭菜 500g、粉丝 100g、猪油 100g、腊猪油 10g、盐 20g、味精 5g、鸡精 5g、胡椒粉 2g、浓香粉 1g。

（2）肉馅：五花肉泥 500g、生姜 3g、葱 2g、皮冻 25g、盐 10g、味精 5g、鸡精 5g、白糖 2g、胡椒粉 2g、黄酒 25g、生抽 10g、红烧酱油 6g、耗油 10g、浓香粉 1g、适量的五香粉。

（3）韭菜粉丝猪肉馅：韭菜 500g、粉丝 100g、猪肉茸 200g、猪油 100g、盐 25g、鸡精 10g、胡椒粉 2g、麻油 10g（看油光情况放）、辣椒粉 5g。

五、工艺流程

六、操作要点

（一）面团调制

（1）面粉中拌入泡打粉。

（2）白糖用温水化开，加入酵母，搅拌均匀，制成酵母活化液。

（3）酵母活化液倒入面粉中调制成团，揉光或压光滑。

（4）将面团放入盆中盖上保鲜膜，置于温暖处醒发至约两倍大，此时面团内部疏松多孔，将面团用手或和面机充分揉匀排气备用。

（二）制皮

根据需要将面团搓条、切剂子，用手掌按压成中间厚、边缘薄的面皮，或用擀面杖擀成中间厚、边缘薄的面皮备用。

（三）制馅

1. 韭菜粉丝馅制作

往韭菜粉丝中加入猪油、腊猪油，用手抓匀，加入盐、味精、鸡精、胡椒粉、浓香粉，用手抓匀。（拌素馅应先放油拌均匀，再放盐，以防止馅料出水）

2. 肉馅制作

将五花肉泥、生姜、葱用手抓匀，加入盐、味精、鸡精、白糖、胡椒粉、黄酒、生抽、红烧酱油、耗油，用手朝同一方向快速搅拌均匀，再加入馅料1/2 的皮冻充分搅拌均匀，加入 1 勺浓香粉、适量的五香粉，再拌均匀。

3. 韭菜粉丝猪肉馅制作

将五花肉泥、粉丝、韭菜中加入熬熟的猪油、各种调味料（盐、鸡精、胡椒粉、辣椒粉、麻油等）拌至均匀。

（四）包馅、成形

取面皮置于手中，放上适量馅料并压实，用一拇指压着馅料，另一拇指捏住面皮，同时食指均匀向前捏褶子，收口，捏实。一般 25～30g 的面皮，可捏 18～25 个褶子。

（五）装笼醒置

夏季常温醒发，冬季则须置于温暖湿润处醒发至原体积的两倍左右。

（六）蒸制

冷水、热水上锅蒸均可。30g 面剂子制成的素馅包子，从水开算起，一笼6min，每加一层增加 2min 即可蒸熟。

备注：

（1）揉面时，面团成形后将其分割成合适的面块，用掌根向前擦着反复搓至面团细腻光滑。面团越搓，成熟度越高、面团越白且光滑细腻，蒸出的包子越蓬松柔软。

（2）制作面皮时，用手掌心四周 360°转着压平形成中间厚、边缘薄的面皮。

（3）盐一定要给准。

七、成品特点

形态：洁白，松软，褶皱均匀美观。

口感：香气浓郁，滋味鲜美。

组织：细腻松软，气孔均匀。

八、思考题

1. 面团的发酵程度对包子做型有何影响？

2. 不同馅料的包子蒸制时间如何把握？

实验三　饺子的制作

一、实验目的

（1）掌握饺子的制作方法。

（2）熟悉不同饺子馅料的调制方法。

二、产品简介

饺子（图1-3），不仅仅是一种美食，还蕴含着中华民族的文化，是平时的美味小吃，更是在除夕晚上必备的食物，表达着人们对美好生活的向往与追求。

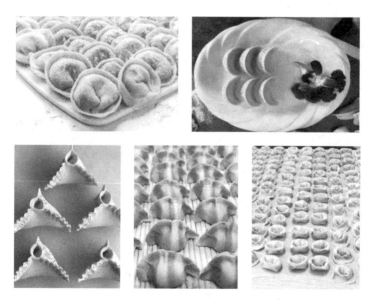

图1-3　饺子

俄罗斯、白俄罗斯、乌克兰、芬兰、波兰、立陶宛、拉脱维亚、爱沙尼亚、土耳其、意大利、叙利亚、伊拉克、伊朗、阿富汗等国家也有饺子这种美食，特别是意大利、乌克兰、俄罗斯三国，饺子对他们来说也是重要的国家级传统食物之一。

饺子皮可用烫面、油酥面、鸡蛋或米粉制作；馅料可荤可素、可甜可咸；制熟方法可选用蒸、烙、煎、炸等。荤馅有三鲜、虾仁、蟹黄、海参、鱼肉、鸡肉、猪肉、牛肉、羊肉等，素馅有什锦素馅、普通素馅之类。饺子的特点是皮薄馅嫩、味道鲜美、形状独特。饺子的制作原料营养丰富，蒸煮法能够保证营养流失较少。

我国各地饺子的种类甚多，如广东用澄粉做的虾饺、西安的酸汤水饺、衡水的猪肉白菜饺、上海的锅贴煎饺、扬州的蟹黄蒸饺、山东的高汤小饺、沈阳的老边饺子、四川的钟水饺等，都是受人欢迎的品种。

在包饺子时，人们常常将金如意、红糖、花生、枣子、栗子和硬币等包进馅里。吃到金如意和红糖的人，预示着来年的日子更甜美；吃到花生的人，预示将健康长寿；吃到枣和栗子的人，预示将早生贵子；吃到硬币则预示财源不断。

饺子馅蕴含的文化

（1）芹菜馅：勤财之意，故为勤财饺。

勤：即勤奋、勤劳；经常，勤密（频繁），源源不断，谓之勤财。它是对源源不断的物质财富的祈福，更是对勤劳、务实的祝福。

（2）韭菜馅，即久财之意，故为久财饺。

久：时间长、久远，谓之久财。它是祈求长久的物质财富，更是对天长地久的祈福，但愿人长久——健康、和睦、快乐、幸福。

（3）白菜馅，即百财之意，故为百财饺。

百：量词，即百种、百样之意，谓之百财。百是对百样之财的祈福，或为对新婚燕尔、白头偕老的美好祝愿。

（4）香菇馅，即鼓财之意，故为鼓财饺。

鼓：高起、凸出。香菇的形状如同向上的箭头，或为股票大盘的趋势；有向上、饱鼓之意，谓之鼓财；或表达希望晚辈出人头地的美好愿望。

（5）酸菜馅，即算财之意，故为算财饺。

算：合计、清算，谓之算财；或为对选择的祝福，愿亲戚朋友都能有好的选择，选择好。

（6）油菜馅，即有财之意，故为有财饺。

有：存在，谓之有财；有财，更要有才。

（7）鱼肉馅，即余财之意，故为余财饺。

余：剩余，多出来的，谓之余财。付出的是辛劳，得到的就是财富，余留下来的是健康。

（8）牛肉馅，即牛财之意，故为牛财饺。

牛：牛气之意，谓之牛财，用于祝愿朋友身体健康，牛气十足。

（9）羊肉馅，即洋财之意，故为洋财饺。

洋：广大、众多，谓之洋财。

（10）大枣馅，即招财之意，故为招财饺。

招：召唤，有如财神，谓之招财。传统习惯一般在饺子里面包上钱币，吃到的人就是运气最好的，可又不是很安全、卫生。所以包上大红枣，祝愿吃到的人会在新的一年里红红火火、财气十足。

（11）野菜馅，即野财之意，故为野财饺。

野：野外或为意外。谓之野财。

（12）蔬菜馅，即财到之意，故为财到饺。

财到：财到了、财神到，有接财纳福之意。蔬菜馅，即为素馅、菜馅，谓之财到。

（13）甜馅，即添财之意，故为添财饺。

添财：增加、增添之意。多为甜食或为汤圆、月饼等，更与天才谐音，谓之添财。

三、设备与用具

炒锅、大勺、大漏勺、电子秤、刀具、砧板、不锈钢盆、盘子。

四、实验原料

（1）面团原料：面粉 500g、水 200～210g、精盐 4～5g。

（2）馅料：五花肉泥 500g、韭菜 200g、粉丝 100g、黄酒 5g、味精 20g、胡椒粉 5g、葱花 5g、姜米 5g、蚝油 20g、生抽 20g、猪油 100g（油润度不够时放）、味极鲜 5g。

（3）干汤原料：味碟（生抽 10g、陈醋 2g、麻油 5g、辣油 2g）。

（4）汤汁原料：盐 6g、味精 2g、胡椒粉 1g、陈醋 3g、生抽 3g、猪油 2g、葱花 1g、花椒油 1g。

五、工艺流程

和面 → 制皮制馅 → 包馅 → 煮制 → 成品

六、操作要点

（一）和面

和面最常用的原料是小麦粉，有的地方用荞麦粉。面粉盆中，加入凉水揉成面团后，放置 20min，让面团"饧饧"（水充分地渗入面粉颗粒）。如果水偏多，则面团偏软容易包，但煮的时候易破；如果水偏少，则面团硬，擀皮费事，包陷料亦费劲。好的口感一般要求面要和得硬一些，有"软饼硬饺子"之说。

（二）制皮

1. 擀

把饧好的面团放在砧板上，搓成直径为 2～3cm 的圆柱形长条。把柱条揪（或切）成长约 1.5cm 的小段，用手压扁。再用擀面杖擀成直径适度（4～7cm）、厚为 0.5～1mm、中心部分稍厚些的饺子皮。擀皮时，在砧板上要撒些干面（浮面），以防粘到板上。因为擀皮相当费时间，所以现在许多手工面店都出售机器做好的饺子皮。使用机制饺子皮通常须用手蘸水方能捏合。

2. 捏

用擀面杖擀饺子皮融入了城市文化，在乡村地区，人们大多采用手工捏。首先将饺子皮揉成扁圆形，然后一边用双手手指捏压一边旋转。捏成后，饺子皮呈碗状（而擀的饺子皮呈平面状），并且所带干面较少，所以更易包陷。捏皮的缺点是比擀皮耗时多。

（三）制馅

饺子馅主要分为肉馅、素馅、荤素馅。买回来的肉馅首先加入少量水拌一下，然后加入葱花、姜末、花椒面或五香粉、味精、精盐、少量酱油、料酒之类。不嫌腻的话还可以加些植物油，但如果肉馅够肥，就可以不加。之后朝一个方向搅拌均匀，后调节咸淡。根据个人口味还可以加香油。搅好的肉馅稍放一会儿就可以包饺子了。还可以用这种方法做牛肉馅、羊肉馅等。

荤馅最好用排刀剁的方法制作，为什么铰肉机绞肉馅的味道逊色于排刀剁？因为肉类的呈味物质存留在细胞内，手工剁肉，肉受到机械性挤压不均匀，肌肉细胞破坏少，部分肉汁仍混合或流散于肉馅中；机器绞肉，肉团受到强力且发热产生高温而变性，细胞内的呈味物质如氨基酸、肌苷酸随血液大量流失。

素馅不能用排刀剁，改用刀切，刀剁会将蔬菜中的叶绿素全剁到砧板上，刀切则减少许多。一般刀切下，维生素存留一半，而刀剁存留不足 25%，所以，刀切不宜太细小，如韭菜以 0.5cm 以上为宜。

水饺制馅一般用生肉，更营养卫生。生肉馅须加高汤（或水），俗称打水，目的是使肉馅鲜嫩，包出的饺子丰满。有些人打肉馅不加水，煮出的饺子口感干柴，有些肉会顶破面皮。加水量为每 500 克肉加 150～250mL 的水，肥馅略少，瘦肉馅略多。应在调味品加了以后再加水，否则调料品不能渗透入味，水分也吸不进去。加水时要逐步加，须朝一个方向搅拌，打好后可放入冰箱冻 1h，使用时再加入葱花。

1. 香菇青菜馅

原料：青菜 1000g、香菇碎 200g、葱油 50g、猪油 50g、精盐 20g、味精 3g、鸡精 3g、白糖 5g、十三香 1g。

制法：青菜先焯水、挤水、切碎，锅中倒入葱油，加入香菇碎炒干水分，加入猪油炒香后倒入青菜中，加精盐、味精、鸡精、白糖、十三香调味备用。

2. 猪肉馅

原料：猪肉 500g、莲花白 1000g、姜末 15g、葱末 30g、精盐 15g、胡椒粉 5g、料酒 25g、味精 15g、香油 25g、精炼油 25g。

制法：

① 将猪肉去皮洗净，切为细粒；将莲花白洗净，切为细末，再用精炼油拌匀。

② 将猪肉粒用姜末、葱末、精盐、胡椒粉、料酒、味精、香油拌匀，再加入莲花白和匀即成。

备注：

(1) 猪肉的肥瘦肉比例为 4∶6。

(2) 莲花白须先用油拌匀，再加入猪肉粒中。

(3) 如果配料选用大白菜，则须先将大白菜腌渍，挤出部分水分后再加入。

3. 羊肉馅

原料：净羊肉 500g、韭黄 250g、姜末 50g、葱末 50g、花椒 5g、鸡蛋 2 个、精盐 5g、胡椒粉 3g、料酒 15g、酱油 20g、香油 25g、花生油 25g。

制法：

① 羊肉洗净剁成细粒，韭黄洗净切成细末，花椒用开水泡成花椒水。

② 羊肉粒用姜末、葱末、精盐、胡椒粉、料酒、酱油、花椒水、鸡蛋液拌匀，再加入香油、花生油拌匀，最后加入韭黄末和匀即成。

备注：

(1) 羊肉的膻味较重，故须加入花椒水以去膻，同时还应加大姜末的用量。

(2) 韭黄末应最后加入。若无韭黄，则亦可用芹菜、香菜代替。

4. 牛肉馅

原料：牛肉 500g、白萝卜 1000g、洋葱 50g、鸡蛋 1 个、姜汁 50g、嫩肉粉 5g、精盐 10g、胡椒粉 5g、料酒 15g、酱油 25g、味精 15g、香油 25g、精炼油 30g、干淀粉 50g。

制法：

① 牛肉去净筋膜，洗净，绞成细茸，用嫩肉粉、料酒、精炼油拌匀后，静置约 40min，再加入姜汁及清水 250g 搅拌均匀；白萝卜去皮洗净，切成厚

片，入沸水锅中煮熟后捞出，放菜墩上用刀剁成细粒，再用纱布包住，挤出水分；洋葱切成细末。

②牛肉蓉中加入萝卜粒、洋葱末和匀，再加入精盐、胡椒粉、酱油、味精、香油、干淀粉、鸡蛋液拌匀即成。

备注：
（1）牛肉中不能有筋膜，并且牛肉要绞细，这样才能多吃水分，使之细嫩。
（2）嫩肉粉也可用苏打粉代替，但用量不可过多。
（3）配料中的白萝卜也可用韭菜、芹菜等代替，若无洋葱，则可用大葱代替。

5．鱼肉馅

原料：大草鱼或乌鱼1条约1000g、猪肥膘肉100g、韭菜300g、鸡蛋2个、精盐15g、胡椒粉5g、料酒25g、味精15g、鸡精15g、香油25g、精炼油30g。

制法：

①草鱼宰杀后洗净，去掉头尾、骨刺及鱼皮，取净鱼肉绞成蓉；猪肥膘肉剁成泥；韭菜择洗干净，切为细粒，加入香油、精炼油拌匀。

②将鱼头、鱼骨放入锅中，掺入清水，加入胡椒粉、料酒、鸡精，上火熬至汤色乳白时，滤去料渣，即成鱼汤。

③鱼肉蓉中加入肥膘肉泥和匀，再加入精盐、味精、鸡蛋清搅拌，边搅边加入冷鱼汤，直至搅拌上劲且鱼汤加完，然后与韭菜粒拌匀，即成。

备注：
（1）鱼肉必须去净骨刺，这样才能保证食用时的安全。最好选用较大的鱼或骨刺较少的鱼。
（2）鱼肉蓉和肥膘肉泥都要绞细，这样才能够吸收较多的水分，馅料才会细嫩。
（3）韭菜只能最后加入。

6．三鲜馅

原料：鲜虾仁200g、水发海参100g、冬笋150g、猪前夹肉200g、姜片10g、葱节20g、姜末20g、葱末50g、鸡蛋1个、精盐10g、胡椒粉3g、料酒30g、味精10g、鸡精10g、白糖10g、香油25g、高汤350g。

制法：

①虾仁洗净剁成泥，加入精盐、鸡蛋清搅匀；水发海参入锅，加入姜片、葱节、料酒、鸡精、高汤煨入味后，捞起切成细粒；冬笋切成细粒后，入沸水锅中汆一会儿后捞出。

②猪前夹肉去皮洗净，绞成蓉，加入精盐、胡椒粉、料酒、白糖、味精及适量清水搅打均匀，再加入虾仁泥、水发海参粒、冬笋粒、姜末、葱末、香油和匀即成。

7. 五花肉馅

原料：五花肉泥 500g、韭菜 200g、粉丝 100g、黄酒 5g、味精 20g、胡椒粉 5g、葱花 5g、姜米 5g、蚝油 20g、猪油 100g（油润度不够时放）、味极鲜 5g。

制法：

① 猪骨汤炖好冷却、凝固备用。

② 将五花肉泥、葱花、姜末、盐、味精、鸡精、糖少许、胡椒粉、黄酒、味极鲜、蚝油混合，抓匀抓软，加入高汤朝同一方向将馅料搅上劲并打至发黏。

③ 加入粉丝、适量红烧酱油充分搅拌至发黏，加入韭菜末充分搅拌（手指呈鹰爪状）。

备注：

若肉放得少，油润度不够，则可加入一些猪油以保证馅料的油润度；面团分割搓条时，双手五指张开，边搓边往两边擀，搓成约大拇指粗细，均匀沾上面粉用刮板切割，每转 90°切一下，可两根同时切；面剂压扁，擀皮（8~10g/个）。

七、成品特点

饺子个体均匀，形态饱满、圆润，无破损，色泽洁白，鲜香扑鼻。

八、思考题

1. 如何保证饺子充分煮熟且无破损？

2. 不同馅料拌馅时的技术要领有哪些？

实验四　月牙蒸饺的制作

一、实验目的

（1）掌握月牙蒸饺的制作方法。
（2）掌握食品蒸制的基本原理。

二、产品简介

月牙蒸饺（图1-4）是一道以精面粉、猪前夹肉茸为主要原料，以色拉油、绵白糖、虾子等为辅料做成的小吃，因为形似新月，故得名月牙蒸饺。月牙蒸饺口味偏咸，皮薄馅多，卤汁盈口。月牙蒸饺的做法为：开水烫面，将面团揉匀，搓成长条，揪成小剂，逐只按扁，再擀成中间厚、四周稍薄的圆皮，包入馅，一遍遍捏出尾棱形成褶皱，成月牙形生饺坯，蒸熟即成。

图1-4　月牙蒸饺

三、设备与用具

蒸笼、炒锅、大勺、大漏勺、电子秤、刀具、砧板、不锈钢盆、盘子。

四、实验原料

（1）面团原料：面粉500g、开水260g（开水烫面）、盐2g。
（2）馅料：猪前夹肉茸500g、大白菜100g、香菇50g、葱花10g、姜末

5g、盐 20g、味精 10g、鸡精 10g、胡椒粉 2g、白糖 5g、黄酒 3g、蚝油 20g、生抽 10g、十三香 2g、色拉油 50g。

五、工艺流程

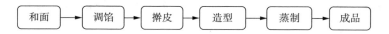

六、操作要点

（一）和面

水烧开，倒入面粉中充分拌匀后，倒于桌面揉成团，将面团揪成小剂散热。充分散热后，将面和成团，压面机将面团压光滑备用。

（二）调馅

大白菜切丝放盐腌一下，变软后挤去多余的水分；将大白菜、猪前夹肉茸、香菇、姜、葱抓均匀，加入盐、味精、鸡精、白糖、胡椒粉、黄酒、十三香、蚝油、生抽、色拉油充分搅拌均匀后放入碗中备用。

（三）擀皮

面团搓成条下剂子，每个剂子为 8～10g，面皮直径为 7～8cm。

（四）造型

馅心按实，使其呈椭圆形时再包；饺子皮前高后低（面向自己的面半高于后面一半）；将饺子皮放在左手虎口处，用右手捏出花纹类似于褶子；褶子要均匀，收好口后整形，两边与桌面平行。

（五）蒸制

水开，中火蒸制，三笼蒸 10min 即可（开笼看一下，视饺子皮的厚薄程度适当增减时间）。

七、成品特点

成品形似新月，皮薄馅多，卤汁盈口，口味咸鲜。

八、思考题

1. 为便于月牙蒸饺的包制，其馅心制作有何要求？
2. 为何要用开水烫面？

实验五　水晶月牙蒸饺的制作

一、实验目的

（1）学习水晶月牙蒸饺的相关知识。

（2）学会水晶月牙蒸饺的制作方法。

二、产品简介

饺子又名"娇耳"，其历史可以追溯到一千八百多年前。水晶月牙蒸饺（图1-5）是较有特色的饺子，其使用的淀粉种类及制作工艺决定了其质量的好坏。水晶月牙蒸饺主要以澄粉、马铃薯淀粉、开水为原料，将澄粉和马铃薯淀粉按照不同的比例进行混合，并根据个人喜爱加入不同的馅料蒸制而成。因为其形状似新月，表皮晶莹剔透，所以称为水晶月牙蒸饺。水晶月牙蒸饺的造型美观、晶莹剔透、韧性和咀嚼性较佳，所以通常将其作为高档的美食，深受人们的喜爱。

图1-5　水晶月牙蒸饺

三、设备与用具

电子秤、蒸锅、不锈钢盆、砧板、蒸笼、炒锅、大勺、大漏勺、刀具、盘子。

四、实验原料

（1）面团原料：澄粉 400g、马铃薯淀粉 120g、花生油 40g、开水 440g。

（2）馅料：猪肉 500g、大白菜 100g、香菇 50g、鸡精、味精、黄酒、胡椒粉、白糖、葱花、姜末、盐、十三香少许，混匀备用。

五、工艺流程

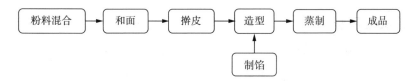

六、操作要点

（一）粉料混合、和面

首先将澄粉和马铃薯淀粉两种原料进行混合，水烧开后，用开水和面，注意开水应现烧现用；然后充分拌匀，揉成面团，将面团制成小剂散热。充分散热后，将面团和成团，备用。

（二）擀皮

面团搓成条，分为 8～10g 大小的剂子，面皮擀成后的直径为 7～8cm。

（三）制馅

馅料的制作可以根据个人的喜爱进行调配。通常水晶月牙蒸饺的馅料是将白菜切丝放盐腌制，变软后挤去多余的水分；将白菜、猪肉、香菇、姜、葱混合均匀，加入盐、味精等辅料。

（四）造型

将馅料进行按压，馅料呈椭圆形后包馅；面皮位置应该前高后低；皮料放在左手，用右手捏出类似花纹的褶皱；褶皱要均匀，收好口后整形，两边与桌面平行。

（五）蒸制

将水晶月牙蒸饺放置于蒸笼之上蒸制，蒸制约 15min，再静置 5min 后，可以打开蒸笼查看，根据面皮的厚薄程度增减时间。

七、成品特点

形态：形状固定，光泽度好，可透过表皮清楚地观察馅料。

口感：弹性好、耐咀嚼、有劲道。

八、思考题

1. 水晶月牙蒸饺制作过程中的关键步骤是什么？
2. 水晶月牙蒸饺制作过程中添加的澄粉和马铃薯淀粉有何作用？

附例1：鲜肉锅贴饺的制作

一、实验原料

（1）面团原料：面粉500g、开水330g、小苏打1g、盐4～5g。

（2）馅料：五花肉500g、味精7～8g、鸡精2g、盐10～11g、糖7～8g、胡椒粉1g、排骨粉1～5g、浓香粉1g、葱20～30g、生姜20～30g、黄酒10～15g、生抽适量、红烧酱油适量、耗油适量、猪皮冻750～350g（增加嫩度）。

二、制作过程

（一）和面

开水或冷水和面（面柔软），面和好后揪成小剂及时散热，凉后再揉，揉面时依然采用擦面方式将面团揉至光滑细腻。

（二）打肉

五花肉末中加入上述调料充分搅拌均匀，加入适量高汤（增加嫩度），打至发黏（打肉时用手沿同一方向快速搅拌直至肉馅发泡、发黏）。

（三）制饺

面揉好搓成长条，切剂，每个剂子为8～10g，500g面粉可做80个剂子。剂子先擀长，呈椭圆形，皮越薄越好，抹长形馅料，再捏成长形，捏紧，防止肉汁溢出。

（四）煎饺

电饼铛上温不开，下温设置温度为190～210℃，温度升至120～130℃时锅底刷菜籽油，快速下饺子。上层抹色拉油或葱油，由边缘或中间缝隙加入开水（若饺子少，则加水至1/4处，若饺子多，则加水至1/3～2/3处），然后盖锅。听到水气声和闻到锅巴的香味后，打开电饼铛淋上一层油，再撒上一层芝麻、葱花，加盖焖一会儿即可。

三、成品特点

成品皮白馅软，底部金黄酥脆，味道鲜美。

附例 2：豆腐煎饺的制作

一、实验原料

（一）面团原料

配方 1：面粉 500g、酵母 5～10g、白糖 15～25g、泡打粉 5～6g、酥脆剂 4～5g、水 300～330g（冬热夏凉）。

配方 2：面粉 500g、酵母 7g（冬季）、白糖 15～25g、水 320g（冬热、夏凉）、酥脆剂 7g、泡打粉可不加。

（二）馅料

豆腐 500g、猪油 100g、盐 20g、味精 5g、鸡精 5g、白糖 5g、香辣油 10g（或辣椒粉）、葱花 3g、植物油 20g（煎用）、味极鲜 5g、火锅底料 10g、香油 3g。

二、制作过程

（一）面团调制

面粉中拌入泡打粉/酥脆剂（可不放），酵母同白糖加水化开后倒入面粉中，和成面团后醒发。

（二）馅料制作

葱、姜下油锅炒香，倒入豆腐碎略炒，放入盐、味精、鸡精、辣椒油或辣椒面、胡椒粉、老抽、香油、韭菜调味备用。

（三）包制

面发好后，下剂子，每个约为 30g，皮中放馅，以包包子式的手法包起，包口收紧向下、压下、压圆，不用蒸，直接煎。

（四）煎饼

电饼铛上温不开，下温设置为 180℃，温度升至 120～130℃时即可下锅，煎至两面金黄，发泡即可。

备注：

（1）和面时面粉中可加入少许油，煎出来更好吃。

（2）按压时，收口要朝下；煎饺时，要先把菊花口的一面朝上；摆盘时，菊花面朝上。

实验六　三河米饺的制作

一、实验目的

（1）掌握三河米饺的制作方法。
（2）掌握油炸面点的基本原理。

二、产品简介

大米可分为籼米、粳米、糯米，其中籼米黏性最差，糯米黏性最好，杂交米与籼米的黏性相当，黏性比面粉低。所以选用杂交米制成的面皮口感最佳，吃起来不粘牙。制皮时用滚开水烫米粉，搅拌均匀，使米粉充分糊化后出锅，将粉团放在砧板上稍晾、擦透、搓条、抹油，用大理石压板压制成皮即可包裹馅心。

三河米饺（图1-6）作为传统早点，其历史悠久，是安徽省合肥市肥西县三河古镇的一种传统的名小吃。三河米饺用籼米粉制成饺皮，用五花肉等原料及调料制成馅，成饺后油炸而成，色泽金黄，外皮微酥脆、馅味鲜美。据传，太平天国的青年将领陈玉成所率领的军队深受三河老百姓爱戴，百姓都愿给太平军将士送食物，其中最多的为米饺。后来，三河米饺伴随着陈玉成及太平军将士的足迹踏遍了大江南北，其美名也被传扬到各地。

图1-6　三河米饺

2016 年 11 月，三河米饺获中国金牌旅游小吃奖。

三、设备与用具

炒锅、炉灶、电子秤、刀具、砧板、勺子、擀面杖、不锈钢盆、筷子、大理石压板、刮板、保鲜膜。

四、实验原料

（1）皮料：杂交米粉 500g、面粉（酌情添加）、滚开水（酌情添加）。

（2）馅料：白米虾或虾皮 10g、豆腐 200g、五花肉泥 200g、葱花 10g、姜米 5g、盐 20g、味精 10g、白糖 5g、胡椒粉 2g、十三香 2g、生抽 10g、酱油 2g、淀粉浆 10g（土豆淀粉、山芋淀粉、藕淀粉均可）、油 50g（猪油、菜籽油、色拉油）、麻油。

五、工艺流程

六、操作要点

（一）制馅

锅烧热，加油润锅后将油倒出，再加入少许油后，加入五花肉泥于锅中，煸炒至出油。放入生姜碎，炒香后放入部分白米虾，炒至断生。放入豆腐，炒干水汽，放入生抽稍炒，加入酱油稍炒后加入高汤（鸡架汤），大火烧开，放盐、味精、鸡精、白糖、胡椒粉、十三香，不断搅拌至融合，使食材的鲜味溶入汤中，不要太浓稠（汤：干物质＝1.5：1）。汤带点酱油色，起锅前勾芡，稠度适当即可，加入葱花、麻油搅拌均匀后倒入不锈钢托盘中备用。

（二）制皮

（1）炒米粉。下杂交米粉（可加入少量面粉，增加黏性），加入少量盐，小火炒至微黄（香味出来）。

（2）开水烫粉。将滚开水倒入米粉中快速搅拌，使米粉与水充分融合，米粉烫至手捏绵软（不能太硬，否则油炸时易开裂）。烫粉时一直小火坐锅。

（3）擦粉。将烫好的杂交米粉立刻倒到桌面上，用刮板充分擦透米粉里的颗粒以增加黏性，摊开散热，搓至表面光滑。

（4）压皮。米粉揪团，团圆，用两块方板（上包保鲜膜）压成圆皮，要求形状、大小、薄厚一致。也可用刀按，用擀面杖擀成圆皮。

（三）包馅

包米饺时砧板抹油，面皮里加馅心，如同捏饺子。若粘手，则可蘸点水，褶子于中间打，包成饺子形状。一定要捏实，包好后将其底部放在桌面上。

（四）油炸

油炸时采用菜籽油与色拉油混合油炸，油温为 150～180℃。手托米饺底部于锅边滑下去，炸至结壳（定型）后再用勺子轻轻翻动，米饺炸至金黄后捞出即可。500g 杂交米粉可做 70～75 个米饺。

七、成品特点

形态：色泽金黄，褶皱均匀美观。
口感：表皮酥脆，香气浓郁，馅心鲜咸，滋味鲜美。

八、思考题

1. 三河米饺的皮料为什么选择杂交米粉？
2. 炸油的种类与油温的控制对成品品质有何影响？

实验七　三鲜馄饨的制作

一、实验目的

（1）掌握馄饨的基本制作方法。

（2）了解馄饨的相关知识。

二、产品简介

馄饨是起源于我国北方的一道民间传统面食，以薄面皮为皮，以猪肉、虾肉、蔬菜、葱、姜等为基本原料制馅，以不同手法包馅，下锅后煮熟，食用时一般带汤。江浙的大多数地方称之为馄饨，广东称之为云吞，湖北称之为包面，江西称之为清汤，四川称之为抄手，新疆称之为曲曲，等等。它的制作方法各异，鲜香味美，遍布全国各地，是一道深受人们喜爱的小吃。

三鲜馄饨（图1-7）由江苏常州王绍兴师傅创制，为常州地方特色小吃。馅心选用鲜活河（湖）虾仁、青鱼肉及鲜猪腿肉制成，以老母鸡调汤，其味鲜美，深受人们喜爱。

图1-7　三鲜馄饨

三、设备与用具

汤锅、炒锅、大勺、大漏勺、电子秤、刀具、砧板、不锈钢盆、盘子。

四、实验原料

面粉 500g、食碱 5g、鲜虾仁 50g、净青鱼肉 50g、蛋皮丝 100g、鸡蛋清 60g、鲜鸡蛋 1 个、青蒜末 15g、绍酒 15g、净猪腿肉 350kg、精盐 10g、味精 10g、鸡清汤（咸味）2000g、熟猪油 60g、玉米淀粉 100g（约耗 15g）。

五、工艺流程

六、操作要点

（一）和面

将面粉放入面缸，中间扒窝，把食碱用清水 550g 溶化后倒入，加进鸡蛋清（如果夏天制作，则清水减 50g，鸡蛋清减 100g），揉成雪花面，饧 20min 后再反复搋揉，然后上机轧制（双层 2 次，单层 3 次）。在单层轧制时，撒玉米淀粉防粘。待面皮轧好，摊放在面板上，叠成数层，用刀切成 9cm 的正方形馄饨皮，共 500 张。

（二）制馅

将猪腿肉、青鱼肉洗净，分别切、剁成米粒状与虾仁放入同一盆内，加入鸡蛋、绍酒、精盐、味精（5g）和清水（120g）搅拌均匀，即成馅料（650g）。

（三）包制

1. 元宝形馄饨的包制方法

（1）将馅料放在小馄饨皮上；

（2）沿对角线折成三角形；

（3）在其中一角蘸点水；

（4）将外两角折叠呈抄手状；

（5）将两端拉整齐使馅料在中间鼓起，形成两端翘起的元宝造型。

2. 枕包形馄饨的包制方法

（1）将馅料放在厚的大馄饨皮中间；

（2）对角对折；

（3）左边抹少许水后折上去；

（4）右边也抹少许水折上去；

（5）让封口朝下，反扣朝上放（宽度可以自行调整成长方形或正方形）。

3. 伞盖形馄饨的包制方法

（1）将馅料用刮刀抹一层在薄的大馄饨皮上；

（2）用指尖将馄饨皮四周聚拢；

（3）左边抹少许水后折上去；

（4）用虎口捏紧、封口；

（5）反扣成形。

（四）烹制

将味精（5g）、熟猪油、青蒜末平分放入碗中。铁锅内加清水10kg，用旺火烧沸，将生馄饨下锅煮，至沸时加入少许清水，待馄饨浮起时捞出。每只碗中先冲入事前调制的鸡汤（200g），然后将馄饨捞出装于碗内，再撒上蛋皮丝（10g）即成。

备注：

（1）调馅：肉馅要沿一个方向搅打上劲，这样调出的肉馅才好吃。

（2）煮馄饨：水沸后放入馄饨，水再次沸腾时加入一碗凉水。如此3次，煮出的馄饨才好吃。

七、成品特点

馄饨皮柔软滑爽，馅心鲜嫩异常，汤清且味美。

八、思考题

1. 三鲜馄饨选料与制馅有哪些讲究？

2. 馄饨制皮有何讲究？

附例1：白菜鲜肉馄饨的制作

一、实验原料

（1）主料：大白菜3片、猪肉馅150g、厚的大馄饨皮150g、香菜1棵、葱1根。

（2）辅料：盐1/2茶匙50g、香油1/2大匙5g、淀粉1/2茶匙3g、高汤1碗100g、香油少许2g。

二、制作过程

1. 制馅

将大白菜洗净，先余烫过再冲凉、切碎，然后挤干水分。猪肉馅剁细，连同调味料一起加入切碎的大白菜中调匀成馅料。

2. 包制

每张馄饨皮包入少许馅料，捏成长枕形馄饨，再放入开水中煮熟浮起。

3. 烹制

调味料放入碗内，盛入煮好的馄饨，再撒入洗净、切碎的香菜末及葱花即成。

附例 2：韭菜鲜肉馄饨的制作

一、实验原料

（1）主料：猪肉馅 150g、韭菜 75g、厚的大馄饨皮 150g、香菜 1 棵。

（2）辅料：盐 1/2 茶匙、香油 1/2 大匙、高汤 1 碗。

二、制作过程

（一）制馅

韭菜洗净、切碎；猪肉馅剁细，加入韭菜及调味料调匀成馅料。

（二）包制

每张馄饨皮包入少许馅料，捏成长枕形馄饨备用。

（三）烹制

馄饨放入开水中煮熟至浮起，调味料放入碗内，盛入煮好的馄饨，加入香菜即成。

附例 3：京味馄饨的制作

一、实验原料

（1）主料：小麦面粉 600g、猪肉肥瘦 250g、猪胫骨 300g。

（2）辅料：虾皮 35g、香菜 15g、冬菜 10g、紫菜（干）5g。

（3）调料：大葱 15g、姜 3g、精盐 10g、酱油 75g、胡椒粉 3g、香油 15g。

二、制作过程

（一）原料处理

将葱、姜洗净，均切成末，待用；将猪肉（去皮猪肉）洗净，剁成细泥；

香菜洗干净，切成小段；紫菜洗净，撕成小块，备用。

（二）拌馅

将猪肉泥放入盆内，加入适量水，充分搅拌，搅至黏稠为止。加入酱油、精盐搅匀，放入葱末、姜末、香油，拌匀，即成馅料。

（三）和面

将面粉（最好选用富强粉）放入盆内，加入少许精盐，倒入适量水，和成面团，用手揉到面团光润时，盖上湿布饧约 20min，备用。

（四）制汤

将猪骨头洗净，放入锅内，倒入水。用旺火烧沸后，撇去浮沫，改用小火熬煮约 1.5h，即为馄饨汤。

（五）包制

将饧好的面团用擀面杖擀成厚薄均匀的薄片，厚约 0.1cm，切成边长约10cm 的三角形或底边为 10cm 的梯形，即为馄饨皮。将馅料包入馄饨皮中，制成中间圆，两头尖的馄饨生坯。

（六）煮制

将馄饨生坯放入烧沸的汤锅中煮，待汤再烧沸、馄饨漂浮起来时，即已煮熟。

（七）装碗

将酱油、虾皮、紫菜和冬菜放入碗内，先舀出一些热汤放入盛调味料的碗内，再盛入适量的馄饨，撒上香菜段，胡椒粉，滴入香油即可食用。

附例 4：翡翠馄饨的制作

一、实验原料

（1）主料：小麦面粉 600g、猪肉泥（肥瘦）300g、菠菜 600g。

（2）辅料：香菜 50g。

（3）调料：大葱 15g、姜 3g、精盐 8g、白砂糖 6g、酱油 75g、料酒 6g。

二、制作过程

（一）原料处理

将菠菜洗干净，切碎，用双层纱布卷起，挤出菠菜汁；猪肉洗净，剁成肉泥；葱、姜去皮，洗净，切成末，备用。

（二）拌馅

将猪肉泥放入盆内，加入水，充分搅拌，搅至黏稠为止。加入酱油、精盐搅匀，放葱末、姜末、麻油，拌匀，即成馅料。

（三）和面

将面粉放入盆内，中间扒个小窝，倒入菠菜汁，和成面团，揉透，稍饧片刻。

（四）包制

用擀面杖擀成大张薄皮，再切成长约7cm、宽约6cm的馄饨皮，在馄饨皮内逐一包入馅料，做成翡翠馄饨生坯。

（五）烹制

将馄饨生坯放入烧沸的鸡汤锅中煮，待汤再烧沸、馄饨漂浮起来时，即已煮熟。先舀出一些热汤放入碗内，再盛入适量的馄饨，撒上香菜段，即可食用。

附例5：炸馄饨的制作

一、实验原料

（1）主料：小馄饨皮150g、任何馅料都可。

（2）辅料：辣豆瓣酱50g、糖25g、醋20g、酱油80g、油40g。

二、制作过程

（一）烹制

每张馄饨皮包入馅料，折成抄手式馄饨，放入热油中炸熟，色泽微黄时捞出。

（二）调蘸酱

另用40g油炒香辣豆瓣，再加入其他调味料炒匀，做成酱，装碟和炸馄饨一起蘸食即可。

附例6：煎馄饨的制作

一、实验原料

（1）主料：猪肉馅或虾泥150g、小馄饨皮150g。

（2）辅料：蒜蓉20g、酱油50g、香油少许、辣酱油20g、糖20g、香油少许。

二、制作过程

（一）拌馅

向猪肉馅或虾泥中加入调味料拌匀成馅料。

（二）包制

每张馄饨皮包入少许馅料，捏拢成抄手式馄饨。

（三）煎制

往平底锅中加入少许油，将馄饨依序排入锅内，小火煎熟。外皮微呈金黄色时即可盛出，另将调味料拌匀蘸食即成。

实验八　鸡蛋灌饼的制作

一、实验目的

（1）掌握鸡蛋灌饼的制作方法。

（2）了解鸡蛋灌饼的相关知识。

二、产品简介

鸡蛋灌饼（图1-8）是用鸡蛋、面粉制作而成的小吃，它是起源于河南信阳的特色传统名点，深受当地居民喜爱。鸡蛋灌饼是把鸡蛋液灌进烙至半熟的饼内，继续煎烙后再烤制而成的，饼皮酥脆，鸡蛋鲜香。鸡蛋灌饼有蛋、有面、有青菜、有营养，制作方法简单，深受欢迎。

图1-8　鸡蛋灌饼

三、设备与用具

擀面杖、操作台、打面机、炒锅、电磁炉、不锈钢盆、刀、砧板等。

四、实验原料

（1）面饼：中筋面粉300g、盐3g、开水110g、冷水100g。

（2）油酥：中筋面粉100g、热油70g、盐5g、花椒粉或十三香约3g。

（3）馅料：鸡蛋1个、胡萝卜末10g、火腿末10g、榨菜末20g、生抽3g、葱末10g等。

五、工艺流程

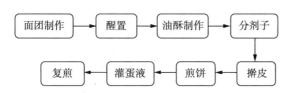

六、操作要点

（一）面团制作、醒置

将面粉倒入容器中，加入盐3g、开水110g搅拌均匀，再加入冷水100g揉成面团，醒20min。

（二）油酥制作

热油70g倒入油酥原料中，搅拌均匀备用。

（三）分剂子

将醒好的面团再次揉匀，分成10份。

（四）擀皮

取其中1份，按扁、擀圆、涂上油酥，向中间对折，两头折平，呈长方形，再擀成大长方形，厚度约3mm。

（五）煎饼

将面饼放入烧热的油锅里，中火慢慢煎，10s后翻面。

（六）灌蛋液

见饼鼓起，用筷子在面饼中间挑起一个缺口，将鸡蛋液倒入，可根据个人喜好酌情倒入蛋液。

（七）复煎

蛋液灌入后稍等几秒，待蛋液稍凝固，翻面，煎制两面金黄即可。

备注：

（1）面粉里放盐，饼会更筋道。开水和面，减少面筋形成，使得面团延展性更好，和好的面团用手轻轻一压应该有很深的手印，如耳垂般柔软。

（2）面团一定要醒，不然不容易操作。

（3）包好后的饼，一定要收口向下，用擀面杖擀，防止破皮。

（4）烫面饼多放一点油更好吃，可依个人口味添加辣酱、甜面酱、咸菜、生菜等。

七、成品特点

形态：色泽金黄，圆润饱满。

口感：表皮酥脆，香气浓郁，内部鸡蛋松软美味。

八、思考题

1. 油酥的作用是什么？

2. 如何使得涂过油酥的面饼煎制成功？

实验九　开口笑的制作

一、实验目的

（1）掌握开口笑的制作方法。

（2）了解开口笑的相关知识。

二、产品简介

开口笑（图1-9）是传统的中式小点心，也是老北京的著名油炸小吃。因其制作过程中以低筋面粉为主料，添加了泡打粉制成面团，经过油炸后周身开裂如同咧嘴笑，而得其名。开口笑一般在过年、过节的时候制作并食用，取它的好意义，希望人们每天都有开口笑，年年都在笑哈哈。

图1-9　开口笑

三、设备与用具

操作台、炒锅、电磁炉、不锈钢盆等。

四、实验原料

低筋面粉500g、泡打粉5g、色拉油80g、水80～90g、鸡蛋1个、白糖粉250g、白芝麻。

五、工艺流程

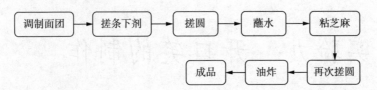

六、操作要点

（一）调制面团

面粉中加入泡打粉搅拌均匀，糖、水、油、蛋一起搅打均匀，和面尽量不揉，防止形成面筋。先搅拌均匀，再反复叠压均匀，约 5min 即可。

（二）搓条下剂、搓圆、蘸水、粘芝麻、再次搓圆

每个面剂为 10～15g，搓圆，然后用水或蛋清把手搓一遍。放入芝麻中，均匀粘上芝麻，再次搓圆。

（三）油炸

锅中加入油烧至 4～5 层热，每层约 30℃，下剂子开小火慢炸。炸至无水气、色泽金黄、口裂开进捞出。

备注：

（1）用糖粉或绵白糖。

（2）下锅前，剂子要搓圆，剂子从锅边顺着过下，下后用勺子推，防粘锅。

七、成品特点

形态：色泽金黄，圆润饱满，裂缝开口有三四处。

口感：表皮酥脆，芝麻香气浓郁，内部酥脆。

八、思考题

1. 开口笑的原料为何选用低筋面粉？能否用其他面粉代替？

2. 油温的控制对开口笑的品质有何影响？

实验十 小笼汤包的制作

一、实验目的

（1）掌握小笼汤包的制作方法。

（2）了解小笼汤包的相关文化。

二、产品简介

小笼包别称小笼馒头，是中国著名的传统面点美食，最早出现于清代同治年间的江苏常州府一带。在苏南、上海、浙江一带，习惯称之为小笼馒头，四川、芜湖称之为小笼包子，武汉称之为蒸包。一般一个蒸笼里有10个包子，10个包子为一笼。

汤包源于北宋京城开封的灌汤包，小笼包则是衣冠南渡时在江南传承的汤包经过江南地区制作改进而来的，称之为小笼包，也是常州、无锡、苏州、南京、上海、杭州、宁波、嘉兴等地的传统小吃。

清代道光年间，在今江苏常州出现了现代形式的小笼包，并在各地形成了各自的特色，如常州味鲜、南京味清、无锡味甜，但都具有皮薄卤足、鲜香美味等共同特点小笼包在开封、天津等地也得到了传扬。

诗人林兰痴有一首描述灌汤包的诗，诗前写有小序云："春秋冬日，肉汤易凝者灌于罗蘑细面之内，以为包子。蒸熟则汤融而不泄，扬州茶肆，多以此擅长。"他在诗中写道："到口难吞味易尝，团团一个最包藏。外强不必中干鄙，执热须防手探烫。"小笼包由此流传至今，一直广受食客欢迎。现在所说的小笼分为两种，一种为小笼包，另一种为小笼汤包（图1-10）。两者的区别在于，小笼包没有汤汁且面皮须发酵，而小笼汤包中含有大量汤汁且面皮不需要发酵。

小笼汤包不仅味道鲜美，具有极高的营养价值，除了可以给人提供盐分、钙、蛋白质、胶原蛋白等日常所需营养，还提供大量的热量和脂肪，因此受到广大食客喜爱。

图 1 - 10　小笼汤包

三、设备与用具

炒锅、炉灶、电子秤、刀具、砧板、勺子、擀面杖、不锈钢盆、筷子、刮板、保鲜膜。

四、实验原料

(1) 皮料：低筋面粉 500g、盐 2～3g、糖 8～10g、温水 240～260g、剂子 10～15g。

(2) 皮冻原料：处理后的无油脂猪肉皮 500g、清水 3000g 左右、葱段 50g 左右、姜 50g 左右。

(3) 馅料：肉泥 500g、猪皮冻 800g、盐 10g、味精 8g、白糖 8g、鸡精 3g、胡椒粉 1.5g、排骨粉 1.5g、黄酒 5g、耗油 56g、味极鲜 7.5g、酱油 5g、姜蒜汁各 20g、小葱适量。上海风味馅心中：盐：味精：糖＝10：15：20。

五、工艺流程

1. 皮冻制作工艺流程

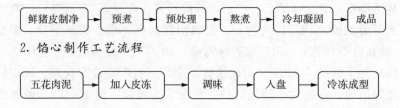

2. 馅心制作工艺流程

六、操作要点

(一) 皮冻制作

(1) 鲜猪皮制净：将肉皮洗净，把毛拔干净或用火燎过后刮净残毛。

(2) 预煮：上锅加入清水，放入肉皮，大火烧开后再煮 10min 捞出。

（3）预处理：刮掉肉皮里面的肥膘（要反复刮干净才好）后，切成小长条，放入盆内，加开水烫一遍洗净余油。

（4）熬煮及冷却凝固：处理后的猪皮取 500g 加入 3000g 清水，加入葱段、姜各 50g 大火煮沸，撇去浮沫，改用小火煮 1h 后捞出葱段和姜，继续煮 1~2h，手试冻液发黏时即已熬好（500g 猪皮的 3000g 皮冻最佳）。取出调料袋，加入盐、味精及其他调料（如加酱油即是红冻），倒入盆中冷却凝固。

（二）面团制作

面团以筛选后的 500g 面粉为主料，加入温水（约 40℃）255g，于和面机中和制 15min 后，取出揉光，放入玻璃纸中醒发（不漏气）15min。在面团醒发的时间内调制馅料。

（三）馅料制作

五花肉泥 500g，分 3 次加入制备好的皮冻，每次加入 1/3，顺时针搅拌 5~8min 上劲，加入各种调料及打碎的姜蒜汁各 20g、小葱适量，继续搅拌 3~4min 去除肉腥味，使皮冻充分被吸收。此时馅料较稀，倒入无水盘中抹平后，放入冰箱冷冻成形（不可冻得过硬，馅料有棱角，包馅时易将面皮扎破）。

（四）面皮制作

面团醒发后，将面团放入面皮机中，按照设定程序制作面皮，将制作好的面皮放入玻璃纸中防止因在空气中暴露时间过长而被风干，或者手工擀制面皮。

（五）包馅

用制作好的面皮、馅心按照小笼汤包的包制方法开始包制生胚，每个生胚中以放入 20g 馅心为宜，将包制好的生胚放入蒸笼中准备蒸制。

（六）蒸制

将包制好的生胚入笼，蒸炉火力调至旺火，待炉中水沸腾后将装满生胚的蒸笼放在炉上蒸制并开始计时。蒸制时间为 6min（以一层蒸笼为基准，每增加一层时间增加 2min），蒸至表面不粘手即可出炉。

备注：

（1）面皮制作后要放入玻璃带，防止因时间久面皮被风干。正宗的小笼汤包面皮要用专门的擀面杖，如果使用家普通的擀面杖，则可以把外边压出褶皱，像荷叶裙边的样子就可以。

（2）皮冻分 3 次加入，每次加入后沿同一方向搅拌均匀。包小笼汤包的时候，不用收口，用拇指和食指握住小笼汤包边，轻轻收一下就可以。

（3）若馅料太稀，则可放入冰箱中冷冻 15min 左右，不可冻得太硬，防止将面皮扎破。

（4）擀小笼汤包面皮时，需要加面粉才能压出荷叶裙边。蒸制之前一定要在小笼包表面喷水，防止蒸好的小笼汤包面皮较干，水沸腾后再放入汤包蒸制并计时。

七、成品特点

形态：色泽半透明，褶皱均匀，皮薄汤多。

口感：表皮软糯、肉馅鲜嫩，汤汁香气浓郁、美味可口。

八、思考题

1. 皮料制作有哪些注意事项？
2. 皮冻添加有哪些要领？

实验十一　麻圆的制作

一、实验目的

(1) 掌握麻圆的制作方法。

(2) 掌握油炸麻圆/麻枣的基本方法。

二、产品简介

麻圆（图 1-11）即麻团，是一种常见的小吃，北方地区称之为麻团，南方地区称之为麻圆，海南称之为珍袋，广西称之为油堆。麻圆是一种特色小吃，是我国油炸面食的一种。它以糯米粉团炸起，加上芝麻制成，有些包有麻茸、豆沙等馅料，有些没有。它也是广东及港澳地区常见的贺年食品。麻圆是用糯米粉加入白糖、水和烫熟的澄面揉制成形，再经入锅油炸而成的。因其呈圆团形，表面粘裹有芝麻，故而得名麻圆。

图 1-11　麻圆

三、设备与用具

炒锅、炉灶、电子秤、刀具、砧板、勺子、擀面杖、不锈钢盆、筷子、大漏勺、刮板、保鲜膜。

四、实验原料

糯米粉 500g、白糖 100～150g、泡打粉 2～3g、水（冷热均可）380～

420g、芝麻仁适量、烫熟的澄面（小麦淀粉）50g、豆沙搓圆 10g/个、色拉油 500g。

五、工艺流程

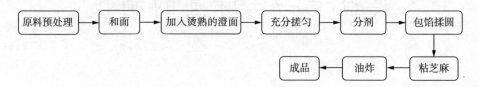

六、操作要点

（一）原料预处理

糯米粉中加入泡打粉（3g/500g）过筛，白糖加入开水化开。

（二）和面

糯米粉中间开窝加水和面，掌根沿桌面一点一点向前用力，充分将面擦均匀，即成麻圆生坯。将烫好的澄面分成小剂，加入糯米粉中充分搓匀（每500g 糯米粉加烫熟的澄面 50g）。

（三）整形

每剂 50g，揉圆后捏窝加入豆沙圆子，捏至无缝，揉至光滑后用手蘸水揉一遍，放入芝麻中粘上芝麻后揉匀。

（四）油炸

当油 3～4 成热时放入麻圆，低火将麻圆炸至又软又大后，升温（180℃）将麻圆炸黄（外结一层脆壳）定型即可捞出。

七、成品特点

形态：色泽金黄，圆润饱满。
口感：表皮酥脆，香气浓郁，内部黏糯。

八、思考题

1. 添加澄面的作用是什么？添加量如何控制？
2. 油温的控制对麻圆品质有何影响？

实验十二　驴打滚的制作

一、实验目的

（1）学习驴打滚的相关知识。

（2）学会驴打滚的制作方法。

二、产品简介

承德地区盛产黍米，承德称之为黄米，性黏。豆面糕又称驴打滚（图1-12），就是用黍米做成的一种老少皆宜的传统风味小吃，在承德已有200多年的历史。

图1-12　驴打滚

驴打滚现在是东北地区、北京和天津的传统小吃之一，成品黄、白、红三色分明，很好看。因其最后制作工序中撒上的黄豆粉犹如老北京郊外野驴撒欢打滚时扬起的阵阵黄土，因此而得名"驴打滚"。

驴打滚的原料有黄米面、黄豆粉、澄沙、白糖、香油、桂花、青红丝和瓜仁。它的制作方法是用黄米面加水和成面团（和面时稍多加水和软些）后蒸熟；另将黄豆炒熟后，轧成粉；制作时将蒸熟的黄米面外面粘上黄豆粉擀成皮，再抹上赤豆沙馅（也可用红糖）卷起来，切成100g左右的小块，撒上白糖即可。它的制作分为制坯、和馅、成型3道工序。在制作驴打滚时要求馅卷得均匀，层次分明，外层粘满黄豆粉，呈金黄色，豆香馅甜，入口绵软，别具风味，豆馅入口即化，香甜入心，黄豆粉入嘴后可以不嚼，而细细品味。

三、设备与用具

电子秤、蒸锅、不锈钢盆、砧板、蒸笼、炒锅、大勺、大漏勺、刀具、盘子。

四、实验原料

配方 1：糯米粉 100g、玉米淀粉 25g、糖 30g、色拉油 3 大勺、水 150g、豆沙若干、细沙若干、黄豆粉、椰丝适量。

配方 2：糯米粉 150g、清水 150g、红豆沙馅、熟芝麻、椰蓉适量。

五、工艺流程

制浆 → 蒸皮 → 擀皮 → 包馅 → 卷馅 → 裹粉 → 切分 → 成品

六、操作要点

（一）制作方法一

1. 制浆

将配方 1 中的糯米粉、玉米淀粉、糖、色拉油、水混合，搅拌成浆。

2. 蒸皮

准备 1 个方形的微波饭盒，微波食品袋 1 个，把食品袋放入饭盒中，把浆倒入食品袋中，并且把食品袋整形好，不要有褶子，微波加热 5min。

3. 擀皮

取出食品袋，在砧板上放平，然后用擀面杖轻轻擀一下，擀的稍微薄一点、长一点，然后隔着食品袋切成两块。

4. 包馅

剪开食品袋，揭去上面的薄膜。把细沙袋剪出约 2cm 的口子，口子的大小关系到挤出的细沙的多少。挤到中间，再把下层食品袋剪开，变成两块。

5. 卷馅

拎着食品袋把糯米片包着细沙卷起来，捏合。

6. 裹粉

砧板上垫保鲜膜，撒上黄豆粉，把糯米卷放上去，揭掉食品袋，滚满粉，这样就不沾手了。

7. 切分

快速切断，约 100g/个，用同样的方法滚上椰丝。

（二）制作方法二

1. 和面

将配方 2 中的糯米粉 150g 放入盆中，再徐徐注入 150g 清水，其间不停用筷子搅拌，使糯米粉均匀吸收水分；将结块的糯米粉用手团和在一起，使其成为一个完整的面团，再放入盘中稍稍压平。

2. 蒸面

将盘子放入蒸锅中，用大火蒸制 20min，从蒸锅中取出，放至温热。

3. 擀皮

将保鲜膜上涂上一层色拉油，放入面团，再盖上一片涂好色拉油的保鲜膜，用擀面杖将面团擀成薄片。

4. 铺馅

取掉上面的保鲜膜，在面片上面均匀地铺上一层豆沙馅。

5. 卷馅

从糯米皮一边卷起，直至完全卷成卷状。

6. 切分

用刀将卷好的糯米卷从中间切成两份，其中一份裹上一层熟芝麻，另一份裹上一层椰蓉，用刀切成小段即可。

七、成品特点

形态：黄豆面皮和红豆沙馅层次分明，卷得均匀，外表呈黄色。

气味：有浓郁的黄豆粉香味。

口感：豆香馅甜，入口即化，口感软糯。

八、思考题

1. 在驴打滚的制作过程中要注意哪些问题？

2. 驴打滚的工艺流程中包括哪几个关键步骤？

实验十三　银丝饼的制作

一、实验目的

（1）学习银丝饼的相关知识。
（2）学会银丝饼的制作方法。

二、产品简介

银丝饼（图1-13）作为一种中华饼点，深受许多人的喜爱。银丝饼采用面粉制作而成，具有创意且外形精巧。银丝饼不但营养丰富，而且味道可口，其面丝金黄透亮，外面焦酥，内部松软。银丝饼中可以加入黄瓜丝或者萝卜丝等原料，改变口感，操作简单，美味可口。

图1-13　银丝饼

三、设备与用具

电子秤、不锈钢盆、砧板、炒锅、大勺、大漏勺、刀具、盘子。

四、实验原料

低筋面粉2000g、冷水900g、酵母20g、糖3g、开水300g、橄榄油50mL、十三香30g、盐30g、胡萝卜丝200g、玉米油。

五、工艺流程

六、操作要点

（1）酵母活化

取一部分冷水加入白糖后加温至 38℃ 左右，将酵母加入水中搅拌至均匀无颗粒备用。

（2）烫面

往低筋面粉中倒入开水，将其搅拌成絮状。

（3）面团揉制

往烫面中加入活化后的酵母、橄榄油及剩余的冷水，揉成面团后醒发 15min。

（4）香料调制

往锅中倒入适量玉米油，烧热，浇在十三香和盐中，搅拌均匀后晾凉。

（5）二次醒面

将醒发好的面团，充分揉匀，下剂，再次醒发 60min。

（6）擀皮、涂香料汁

用擀面杖将面皮擀成厚 3mm 的长条状，两面均匀涂上香料汁。

（7）划线

在面片中间均匀地划上刀口（两头不划断）。

（8）整形

从外向内卷起，捏紧收口，再盘成饼，收口向下压实，擀平。

（9）煎制

往锅中倒入适量玉米油，收口朝下，小火煎 5min，翻面再煎 5min；关火，盖上锅盖，焖 3min 即可。

七、成品特点

形态：面丝金黄透亮，外面焦酥，内部松软。

口感：口感酥脆，美味可口。

八、思考题

1. 银丝饼制作过程中要注意哪些问题？

2. 银丝饼制作过程中的关键步骤是什么？

实验十四　挂面圆子的制作

一、实验目的

（1）掌握挂面圆子的制作方法。

（2）熟悉蒸制食品的基本原理与方法。

二、产品简介

挂面圆子（图1-14）是历史悠久的吉祥菜，有合家团圆、和和美美之意，是合肥一带过年必备的大菜。挂面圆子以挂面、五花肉泥为主料，辅以葱、姜等调料做成圆子后裹上淀粉再进行整制或油炸而成。成品富含的碳水化合物能提供足够的能量；同时还富含微量营养素铜，对血液、中枢神经和免疫系统，头发、皮肤、骨骼组织及脑子和肝脏、心脏等内脏的发育和功能有重要影响。

图1-14　挂面圆子

三、设备与用具

汤锅、炉灶、电子秤、刀具、砧板、勺子、不锈钢盆、筷子、大漏勺、刮板、保鲜膜。

四、实验原料

挂面、五花肉泥、姜末、葱花、盐、味精、鸡精、五香粉、胡椒粉、生抽（各种调料根据个人喜好酌情添加）。

五、工艺流程

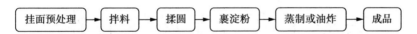

挂面预处理 → 拌料 → 揉圆 → 裹淀粉 → 蒸制或油炸 → 成品

六、操作要点

（1）挂面预处理

挂面煮至七八成熟，不过凉，沥水入盆，用刮板铲碎。

（2）拌料

加入适量高汤、葱花、姜末、五花肉泥充分搅拌，再加入盐、糖、味精、鸡精、五香粉、胡椒粉充分搅拌。

（3）揉圆

将汤或油适量倒于碗中用于沾手，取适量拌料于手中，捏紧并搓圆。

（4）裹淀粉

将搓圆后的圆子放入淀粉碗中滚一层淀粉（若用超级淀粉，则圆子透明）。滚好粉的圆子先过一遍冷水，再滚一遍粉，随后入热水余一下。

（5）蒸制或油炸

若蒸制，则冷水上锅，水沸腾后把圆子轻放在铺有菜叶或千张的蒸笼，盖上锅盖，旺火蒸制 20min 左右，中间泼洒一点冷水，即可上桌；若油炸，则于锅边下圆子防油溅出，凉锅上油烧至油温 3~4 成时入圆子，生胚炸至定型且颜色浅黄时捞沥待油温开至 6~7 成复至炸金黄色，捞出摆盘。

备注：
（1）淀粉：用于裹粉，首选土豆淀粉，红薯淀粉次之，尽量不用玉米淀粉，黏性不好。
（2）高汤：最好使用老鸡汤，猪肉汤次之。
（3）保存：余水冷却后可以冷冻保存。
（4）馅心：挂面可用糯米代替（馅心不用炒直接与糯米饭拌均匀）。

七、成品特点

形态：晶莹剔透，用筷子夹起呈长条形，放下呈椭圆形，松软却不会散开，绵软又筋道。

口感：味道鲜美，肉香绵软，滑爽润喉，回味无穷。

八、思考题

1. 不同淀粉用于裹粉对成品品质有何影响？

2. 若用糯米饭代替挂面，则在馅料处理时与烧麦馅料处理有何区别？

实验十五　凉皮的制作

一、实验目的

（1）掌握凉皮的制作方法。

（2）熟悉蒸制食品的基本原理与方法。

二、产品简介

　　凉皮（图1-15）起源于陕西关中地区，流行于我国北方地区，据说源于秦始皇时期，距今已有两千多年历史。因原料、制作方法、地域的不同，凉皮有热米（面）皮、擀面皮、烙面皮、酿皮等种类，有麻辣、酸甜、香辣等各种口味。凉皮是利用淀粉糊受热糊化形成有韧性的一层薄皮，再辅以各种辅料及调味料调制而成的一种美食。凉皮具有"筋""薄""细""穰"四大特色。"筋"是说有筋道、有嚼头；"薄"是说蒸得薄；"细"是说切得细；"穰"是说其柔软。正是基于这四大特点，凉皮广受消费者欢迎。

图1-15　凉皮

三、设备与用具

　　凉皮模具、汤锅、炉灶、电子秤、刀具、砧板、勺子、不锈钢盆、筷子、大漏勺、刮板、保鲜膜。

四、实验原料

（1）粉皮原料：山芋淀粉炮制 2～3h，然后用笠筛过滤，淀粉和水的比例为 1：1.2。

（2）辅料：豆芽、海带、牛筋面、脆豆腐、香菜、黄瓜、大蒜、花生米（熟）、小葱、洋葱、米线、辣椒粉等。

（3）香料：八角 2g、花椒 5g、桂皮 2g、香叶 3g、白芷 4g、白豆蔻 5 个、香草 0.5g、苹果 1 个（拍碎）、丁香 1g、小茴香 2g、甘草 3g。

五、工艺流程

六、操作要点

（一）凉皮制作

1. 调浆注模

山芋淀粉搅拌好后，把模具的里侧均匀地涂一层油，锅中加入水放于火上。待水沸，舀一勺面糊倒入模具，根据面糊的多少掌握凉皮的厚度，把模型里的面糊荡匀，让模具底部均匀后盖上面糊。

2. 蒸皮

将盛有面糊的模具置于开水的水面上，使其受热均匀，烧开后转小火，小火蒸 3min 即可。

3. 取皮

准备一盆冷水，将模具置于冷水上，也可以把模具倒置，用冷水直接冲其底部。待凉皮完全凉透，在其表面刷一些油，慢慢剥下，放入玻璃纸上，一层皮一层玻璃纸。

（二）辅料及调料制作

1. 汤汁制作

向 1000g 汤中加入盐 3g、味精 6g、鸡精 2g、味极鲜、麻辣鲜适量，也可以加点红烧酱油。

2. 辣油食材及制作

辣油的制作需要洋葱、干辣椒粉、油。锅中入油，加入洋葱，小火炒至水分炒干、洋葱变黄色后捞出，锅中加入菜籽油，辣椒粉中加入盐、味精、鸡精、五香粉、肉桂粉、麻辣鲜，搅拌均匀。待油烧至冒烟时，倒入辣椒粉中，边倒边搅，也可以加入点芝麻，正常比例为 4：1（油：辣椒粉）。

3. 大蒜水制作

剥一两瓣大蒜，加入少许水，用搅拌器打碎，然后加入少许盐和味精，搅拌使其溶化。

4. 辅料准备

豆芽烫熟，海带切细丝，牛筋面切小正方体状，脆豆腐切条，黄瓜切丝，香菜切碎，花生米（熟）拍碎，小葱切花，米线烫软。

（三）凉皮调味

往碗中加入凉皮、米线、豆芽、脆豆腐、牛筋面、海带丝、黄瓜丝，加入汤汁，再加入葱油、辣油、香油、香菜、葱花、大蒜水、花生米，搅拌均匀即可。

七、成品特点

形态：色泽乳白或淡黄，外表光滑。
口感：皮滑鲜嫩，香辣爽口，弹性好且有筋道感。

八、思考题

不同淀粉制作的凉皮成品品质有何不同？

实验十六　千层饼的制作

一、实验目的

（1）掌握千层饼的制作方法。

（2）熟悉煎炸食品的基本原理与制作方法。

二、产品简介

千层饼（图1-16）又叫"瓢子饼"，是山东东平接山乡一带的名吃之一，也是浙江奉化溪口的特产，历史上以郭城村路边客栈制作的风味最佳。这种饼外边用一层面皮包起来，而其内有十数层，层层相分，烙熟后，外黄里暄，酥软油润，热食不腻，凉吃不散口，味道香美。面团和好醒置后，将面团擀成圆形，平铺，抹上相应调味料，分切、折叠，再擀成圆饼状，放入电铛中煎至表面发黄即可。此饼香脆不腻，保存长久，是节日入待客时食用的佳品。

图1-16　千层饼

三、设备与用具

电饼铛、电子秤、刀具、砧板、勺子、不锈钢盆、筷子、刮板、保鲜膜。

四、实验原料

（1）面团材料：面粉500g、泡打粉5～6g、水300（夏）～340－350（冬）g、油（色拉油或猪油）、盐6g、糖10～20g、酵母1～2g（面团不急用时酵母少放，现发面则酵母用量为 5～8g）。

（2）千层饼调料：盐、鸡精、南德调料、麻辣鲜、十三香、排骨粉、猪油或色拉油、芝麻仁等。

（3）酱料：胡玉美酱、洋葱、姜米、蒜末、辣椒酱、排骨酱、番茄酱等。

五、工艺流程

六、操作要点

（一）千层饼制作

1. 和面

将面倒在桌上搅拌均匀，中部开窝，倒入酵母活化液，边倒边由中间往外和，淋入适量油后，将面团用刮板铲着放好（不用揉、擦）和均匀即可。和好的面团外涂一层油，放入保鲜袋备用。

2. 擀面

桌上抹油，将面团放在桌上用滚轮擀面杖擀开，呈圆形。

3. 涂料

将调料充分搅拌均匀后，均匀地涂抹在擀好的面皮上，撒上葱花，用手抹匀。

4. 划分折叠

用刮板由边至中心划分为若干个瓣后，由边向中心拉盖上，后一瓣尽量盖上前一瓣，手向下压平，气泡用签扎破。电饼铛预热（190℃/200℃），倒油后备用。

5. 擀圆

将面剂擀平、擀圆至大小均匀、薄厚合适。

6. 煎饼

把面剂卷起铺满电饼铛，在其上铺匀蛋液，抹匀后撒上芝麻，将盖子轻轻盖好，2～3min 后开盖、刷油。用竹签翻身后转两转，再煎一会儿，用竹签挑出放于菜板上。

7. 切分

将煎熟的饼切成 6 块，底部 1 块，共 7 层，切 6～8 块即可，多了易粘连）。

（二）酱料制作

（1）油入锅，油热后加入洋葱末、生姜末炒香（炒时火小一些），然后放入蒜米炒香。加入胡玉美酱（咸味来源）翻炒，再加入番茄酱稍翻炒，最后加入排骨酱翻炒，几种酱比例均等。

（2）倒入部分冷水，将酱稀释，加入味精、鸡精、糖少许，搅拌均匀，也可放入一些排骨粉提鲜香味，咸度不够则加点盐，放点南德调料、十三香。

（3）酱要调稀一些，在锅中熬制时间长一点，酱味美香。酱熬制一段时间后稍加一点水淀粉勾芡，增加黏度、光滑度，便于将其刷于千层饼、手抓饼、鸡蛋饼、杂粮饼等。

七、成品特点

形态：外黄里暄，酥软油润，内有十数层，层层相分。

口感：味道香美，酥香可口。

八、思考题

1. 猪油的使用对成品品质有何影响？

2. 如何增加千层饼的层数？

实验十七　果蔬煎饼的制作

一、实验目的

(1) 掌握果蔬煎饼的制作方法。

(2) 熟悉煎饼制作的基本原理。

二、产品简介

煎饼是我国北方地区的传统主食之一，相传发源于山东泰山，历史悠久，由饼鏊的产生可以追溯煎饼距今已有 5000 多年的历史。

图 1-17　果蔬煎饼

煎饼可用麦、豆、高粱、玉米等多种谷物制作，从原料上分，有小麦煎饼、玉米煎饼、米面煎饼、豆面煎饼、高粱面煎饼、地瓜面煎饼等。它的制作原理是将所选原料磨粉，调成糊状，摊制之前，先在电饼铛上面擦一遍油，用舀勺将面糊舀到电饼铛上，用箅子沿电饼铛将面糊摊一圈，如此将面糊推开成薄饼。再用箅子反复涂抹，以使面糊分布均匀。煎饼很快就可烙熟，需要及时用铲子沿锅边把摊好的煎饼抢起揭下，再卷入各种蔬菜、鸡蛋、肉等配料，营养丰富、食用方便，是人体补充能量的基础食物，深受人们喜爱。

三、设备与用具

电饼铛、笡子/竹蜻蜓、料理机、电子秤、刀具、砧板、勺子、不锈钢盆、蛋蓬、铲子。

四、实验原料

面粉、水、紫薯、南瓜、西芹、西红柿、胡萝卜、菠菜、红薯等（可调色的各种果蔬均可）。

五、工艺流程

六、操作要点

（1）面糊制作

用料理机将每种果蔬分别加入适量的水打成汁液，加入面粉中充分搅拌，加入盐、味精、糖、排骨粉、麻辣鲜，再充分搅拌至挑起呈流线状。

（2）煎饼制作

电饼铛热好后刷点油，加 2 勺（汤勺）面糊，用竹蜻蜓将其旋转均匀推开呈圆形，煎饼将干时打入 1 个鸡蛋，均匀推开至鸡蛋将干。用铲子将边缘铲一下，烤至发硬时翻面再煎，翻面后在饼面上刷上酱料（酱料制作同千层饼酱料），铺上麻叶、生菜、烤肠、香葱、卷起装盘。

备注：

（1）若面糊稀，则摊制时用竹蜻蜓推开面糊。

（2）若面糊稠，则摊制时用笡子推开面糊。

（3）煎饼的厚薄由摊制时面糊的多少决定。

七、成品特点

成品为圆形，薄且柔软有弹性，色泽变观因果蔬三十色释不同而颜色各异。

八、思考题

1. 不同原料制作的煎饼的口感有何不同？

2. 配料的搭配可以有哪些选择？

实验十八　杂粮煎饼的制作

一、实验目的

（1）掌握杂粮煎饼的制作方法。

（2）熟悉杂粮煎饼制作的基本原理。

二、产品简介

煎饼是我国北方地区传统主食之一，相传发源于山东泰山，历史悠久，由煎饼的产生可以追溯煎饼起源距今已有 5000 多年的历史。

煎饼可用麦、豆、高粱、玉米等多种谷物制作，果蔬煎饼将各种新鲜果蔬加入适量的洁净的水打汁后，与面粉调成糊状。摊制之前，先用油擦在电饼铛上面擦一遍油，用舀勺将面糊舀到电饼铛上，用筢子沿电饼铛将面糊摊一圈，以使面糊分布均匀，如此将面糊推开成薄饼。煎饼很快就可烙熟，需要及时用铲子沿锅边沿把摊好的煎饼抢起揭下，再卷入各种蔬菜、鸡蛋、肉等配料，营养丰富，食用方便，是人体补充能量的基础食物，深受人们所喜爱。

图 18　杂粮煎饼

三、设备与用具

电饼铛、刮耙/竹蜻蜓、料理机、电子秤、刀具、砧板、勺子、不锈钢盆、蛋蓬、铲子。

四、实验原料

面粉 250g、玉米粉 40g、黄豆粉 70g、小米粉 80g、盐 5g、小苏打 3g、油 20g、水 480g、鸡蛋 1 个。

五、工艺流程

原料混合 → 调糊 → 摊制 → 刷酱、卷辅料 → 成品

六、操作要点

（1）面糊制作

将面粉、玉米粉、黄豆粉、小米粉、盐、小苏打混合均匀，加入水调至成面糊状。

（2）摊饼

用勺子将调好的面糊盛在电饼铛上，用刮耙快速、均匀地推开。

（3）刷酱

打入鸡蛋，涂抹均匀，将酱和辅料放在上面卷起即可。

备注：

（1）若面糊稀，则摊制时用竹蜻蜓推开面糊。

（2）若面糊稠，则摊制时用笓子推开面糊。

（3）煎饼的厚薄由摊制时面糊的多少决定。

七、成品特点

成品为圆形，呈浮白（如大米、麦子煎饼）、淡黄（如小米、玉米、谷子煎饼）、暗黄（如大豆、花生煎饼）、浅棕（如地瓜干、高粱煎饼）色。

八、思考题

1. 不同原料制作的煎饼口感有何不同？

2. 配料的搭配可以有哪些选择？

实验十九　豆腐脑的制作

一、实验目的

（1）掌握豆腐脑的制作方法。
（2）熟悉豆制品制作的基本原理与方法。

二、产品简介

豆腐脑（1-19）又称水豆腐，是一道著名的传统特色小吃。豆腐脑多在晨间出售，老豆腐则在午后。豆腐脑流行于我国大部分地区，各地风味迥异，主要分为甜、咸两种，甜食主要分布于我国南方地区（江南是咸食）、香港及台湾；咸食则主要分布在我国北方地区。豆腐脑营养丰富，含有铁、钙、磷、镁等人体必需的多种微量元素，还含有糖类、植物油和丰富的优质蛋白，素有"植物肉"之美称。豆腐的消化吸收率达 95％以上。两小块豆腐，即可满足一个人一天钙的需要量。

图 1-19　豆腐脑

相传汉高祖刘邦的孙子、淮南王刘安不务政事，醉心于长生不老之术，急于寻求灵丹妙药。他召集术士门客于八公山下，燃起熊熊炉火，叫他们用黄豆和盐卤来炼丹，结果"炼"得雪白细腻的豆腐。它虽非灵丹妙药，但美味可口，别有风味。此物迅速传开，风行于世，有诗为证："种豆豆苗稀，力竭心已腐。早知淮王术，安坐获泉布。"自此豆腐脑成为汉民族一道著名的传统小吃。

豆腐脑最明显的特点是豆腐的细嫩及柔软，故称之为"豆腐中的脑"，它是利用大豆蛋白制成的高营养食品，是豆腐制作过程中的半成品。豆腐脑的主要制作原理为：大豆蛋白质通过煮浆，肽链间发生缔合作用，相对分子量增大，添加钙离子、破坏蛋白质分子表面水化膜和双电层，并使蛋白质分子间通过钙桥相连，使蛋白质互相交联形成主体网络结构而凝固。熟的且热的豆浆经点卤，大豆蛋白溶胶（即豆浆）发生蛋白质聚沉，从而形成豆腐脑。在制作过程中，熬浆时用微火，不能溢锅（可以放入豆制品专用消泡剂消除泡沫，食用油也可以），使豆腐脑不糊、不苦、不涩；勾卤时用急火，一开锅就行。卤的烹制要用鲜羊肉片和好口蘑汤，火候要掌握好，不能用炖肉的技法熬卤，要保持卤的新鲜。

豆花制作须先将黄豆浸泡，依品种或个人喜好浸泡 4～8h，黄豆吸饱水分后打浆、滤渣、煮滚，复降温至 90℃。最后的步骤称为"冲豆花"，意即须冲入凝固剂豆浆后再静置 5～15min 才能完成。豆花美味的技巧就在于豆浆与凝固剂融合的温度控制，以及冲豆花的速度与技巧。

三、设备与用具

加热锅、磨浆机、电子秤、刀具、砧板、勺子、不锈钢盆、筷子、刮板。

四、实验原料

豆腐王、黄豆、水。（各原料用量参见操作要点）

五、工艺流程

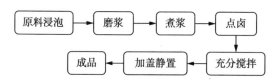

六、操作要点

（一）原料浸泡

黄豆泡发（手捏两瓣之间中心部有轻微凹陷即可），冬季一般头天晚上泡，春、夏、秋季常温（20～25℃）浸泡 12h 左右，冷藏 4℃的环境下浸泡 12h 相当于室温 8h 浸泡。浸泡时间为：夏季 6～9h，春秋 8～12h，冬季 11～16h。

（二）磨浆

用自来水清洗浸泡的大豆，去除浮皮和杂质，降低泡豆的酸度。用磨浆机磨制水洗的泡豆，磨制时每 1kg 原料豆加入 50～55℃的热水 3000mL。

（三）煮浆

煮浆使蛋白质发生热变性。煮浆温度要求达到 95～98℃，煮浆时间为 2min；生豆浆加消泡剂加热煮开并保持 3min 以上，豆浆的浓度为 10%～11%。

（四）点卤、充分搅拌、加盖静置

豆腐王称好，下点卤之前用温水化开（充分化开）。豆浆充分煮开后离火，于干净带盖盆中称入 2kg（6g 豆腐王点卤）、1kg（3.6g 豆腐王点卤）、0.75kg（2.25g 豆腐王点卤）豆浆，每种称完后稍搅拌并加入化开的卤水，充分搅拌均匀，加盖静置。

备注：
(1) 豆浆煮开后要稍冷却，温度太高，点卤易成渣。
(2) 点卤后应充分搅拌，不然有的地方凝固，有的地方不凝固。

七、成品特点

成品质地均匀，洁白细腻，豆香浓郁。

八、思考题

1. 豆浆为什么要煮开并保持 3min 以上？
2. 蛋白质凝胶形成的机理是什么？

实验二十　内酯豆腐的制作

一、实验目的

（1）熟悉大豆蛋白凝固成型的原理。

（2）掌握豆腐加工的基本工艺过程。

二、产品简介

内酯豆腐（图1-20）是采用新型凝固剂葡萄糖酸内酯制作而成的。内酯豆腐的生产除了利用蛋白质的胶凝性，还利用了-δ-葡萄糖酸-δ-内酯的水解特性。葡萄糖酸内酯并不能使蛋白质胶凝，只有其水解后生成的葡萄糖酸才有此作用。葡萄糖酸内酯遇水会水解，但在室温下（30℃以下）进行得很缓慢，而加热之后则会迅速水解。在内酯豆腐的生产过程中，煮浆使蛋白质形成前凝胶，为蛋白质的胶凝创造了条件，熟豆浆冷却后，为混合、灌装、封口等工艺创造了条件，混有葡萄糖酸-δ-内酯的冷熟豆浆，经加热后，即可在包装内形成具有一定弹性和形状的凝胶体——内酯豆腐。

图1-20　内酯豆腐

三、设备与用具

加热锅、磨浆机（或组织捣碎机）、水浴锅、折光仪、容器（玻璃瓶或内酯豆腐塑料盒)、电炉、过滤筛（80目左右）等。

四、实验原料

大豆 1000g、水约 3000g、葡萄糖酸-δ-内酯 0.25％～0.3％、熟石膏 2.2％～2.8％。

五、工艺流程

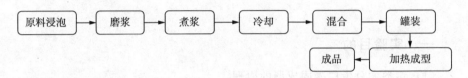

六、操作要点

（一）浸泡

按 1：4 的比例添加泡豆水，水温为 17～25℃，pH 在 6.5 以上，时间为 6h～8h，浸泡适当的大豆表面比较光亮，没有皱皮，豆瓣易被手指掐断。

（二）磨浆

用自来水清洗浸泡的大豆，去除浮皮和杂质，降低泡豆的酸度。用磨浆机磨制水洗的泡豆，磨制时每 1kg 原料豆加入 50～55℃的水 3000mL。

（三）煮浆

煮浆使蛋白质发生热变性，煮浆温度要求达到 95～98℃，保持 2min；豆浆的浓度为 10％～11％。

（四）冷却

葡萄糖酸-δ-内酯在 30℃以下不发生凝固作用，为使它能与豆浆均匀混合，把豆浆冷却至 30℃。

（五）混合

葡萄糖酸-δ-内酯的加入量为豆浆的 0.25％～0.3％，先与少量凉豆浆混合溶化后混匀，混匀后立即灌装。

（六）灌装

把混合好的豆浆注入包装盒内，每盒重 250g，封口。

（七）加热成形

把灌装的豆浆盒放入锅中加热，当温度超过 50℃后，葡萄糖酸-δ-内酯开始发挥凝固作用，使盒内的豆浆逐渐形成豆脑。加热的水温为 85～100℃，加热的时间为 20～30min，到时间后立即冷却，以保持豆腐的形状。

七、成品特点

成品为白色或淡黄色，具有豆腐特有的香气和滋味，块形完整，软硬适中，质地细嫩，有弹性，无杂质。

八、思考题

1. 加热对于大豆蛋白由溶胶转变为凝胶有何作用？
2. 制作内酯豆腐的两次加热各有什么作用？

实验二十一　麻叶子的制作

一、实验目的

(1) 掌握麻叶子的制作方法。

(2) 熟悉麻叶子制作的基本原理。

二、产品简介

麻叶子（1-21）是老沔阳（今湖北省仙桃市）的一种传统年节小吃，是麦芽糖和炒米混合在一起制作而成的。每当进入腊月，各家各户便开始了制作麻叶子的前期准备，一方面要将家里的大麦（一般不使用小麦）淘洗、保温、发芽；另一方面要将糯米蒸好后直至晒成硬邦邦、一颗颗的米粒后炒制成炒米，再将已经磨好的米浆（米和麦芽）上锅熬煮。麻叶子以精选糯米、芝麻、麦芽糖为主要原料，并拌以桂花、金钱橘饼等成分精制而成，无任何化学污染、添加剂，是一种纯天然绿色食品。

图 1-21　麻叶子

据麻叶子创始人王志新的介绍，当年他的手艺是向一位长者学的。当年所做的"麻叶子"其实并不能叫"麻叶子"。它的外形和油炸饼相似，有点像北方的"干馍馍"。

2008 年，王志新在原来麻叶子的基础上，新创出了具有另外一种口感的"酥麻叶"，酥麻叶因口感酥脆，备受欢迎。

安徽地区的麻叶子以面粉为主要原料和制成面团，擀成薄片，切分为所需形状，入油锅炸至金黄色形成香脆可口的脆片，其形如同老沔阳麻叶子，口感类似。

三、设备与用具

炒锅、擀面杖或压面机、大漏勺、电子秤、刀具、砧板、勺子、不锈钢盆、铲子。

四、实验原料

（1）咸味配料：面粉 500g、水 220～230g、油 20～30g、小苏打或碱 1～2g、盐 4～5g。

（2）甜味配料：面粉 500g、水 220～230g、油 20～30g、小苏打或碱 1～2g、糖 150g。

五、工艺流程

六、操作要点

（一）原料预处理

把盐和碱按比例称好，放在面粉中搅拌均匀。把水和油按比例称好后，放入面粉中搅拌均匀。

（二）和面

将面粉放于桌上，在其中间开窝，加水和均匀后，用压面机反复折叠，充分压均匀，将和至光滑的面团用保鲜膜包裹好，放置于桌上醒置备用。

（三）擀皮

将醒好的面团取出，用面粉做粉，用擀面杖擀为薄薄的面皮，擀好后，用毛刷子刷去多余的淀粉。

（四）切分

擀好的薄面皮呈 S 形折叠成长条，将其切成三角形备用。

（五）油炸

炒锅加宽油，油温 6 成热时下麻叶子，改小火炸成金黄色。

七、成品特点

成品色泽金黄，香脆可口，薄脆均匀。

八、思考题

1. 如何增加麻叶子的酥脆口感？

2. 麻叶子做形时可以有哪些选择？

实验二十二 肉丝炒面的制作

一、实验目的

(1) 掌握肉丝炒面的制作方法。

(2) 熟悉炒制的基本制作手法。

二、产品简介

炒面是流行于大江南北的中国传统小吃，制作原料主要有面条、鸡蛋、肉丝、小油菜、葱段等，口味鲜美，营养丰富。

图 1-22 肉丝炒面

炒面一般包括两种，一种是炒面条，另一种是炒面粉。炒面条是以面条、鸡蛋或肉为主要食材的面食。在我国，炒面主要有广州的豉油皇炒面、漯河的炒面、安庆的炒面、芜湖的炒面、辽宁的炒面、潮汕的干炒面、山东的拌炒面。炒面粉是将玉米、豆子等炒熟磨成面，在食用的时候用热的汤水一冲或稍微搅拌就可以食用。

三、设备与用具

炒锅、大勺、大漏勺、电子秤、刀具、砧板、不锈钢盆、铲子、盘子。

四、实验原料

（1）主料：炒面条 500g、肉丝 50g（炒之前要上浆滑油）。

（2）辅料：洋葱丝 20g、胡萝卜丝 10g、黄豆芽 20g、香菜 5g、生菜 10g、菠菜 10g、小白菜 10g、木耳丝 5g 等。

（3）调料：盐 10g、味精 5g、白糖 5g、胡椒粉 2g、红烧酱油 2g、生抽 10g、陈醋 5g、明油 50g（植物油/猪油）、葱花 2g、姜米 1g/姜丝、淀粉 3g（肉丝上浆）、黄酒 2g 等。

五、工艺流程

准备面条 → 肉丝上浆调味 → 炒肉丝 → 调川味料汁 → 炒面 → 成品

六、操作要点

（一）肉丝上浆调味

向肉丝中加入盐、味精、胡椒粉、黄酒、生抽、淀粉、泡打粉、浓香粉，五指张开，充分搅拌上劲。

（二）炒肉丝

锅过油倒掉，再加入油 3～4 层，油温为 90～120℃，离火，放入处理好的肉丝（肉丝抓散下锅）后，锅至于火上，小火，至肉丝于油上漂起来时倒入漏勺沥油。

（三）调川味料汁

往不锈钢盆中放入盐、味精、鸡精、白糖少许、胡椒粉、生抽、红烧酱油、辣油、少许陈醋、花椒粉、少许高汤，搅拌均匀化开盐。

（四）炒面

大火加油于锅中，润锅后倒出油。锅中留油加入洋葱，炒熟后下胡萝卜丝，翻炒后下黄豆芽（水焯过），再加入面条、香菜翻炒，勺子不要扣面条。水分炒干后加入刚刚调制的调味汁，再翻炒至均匀入味，最后加入生菜翻炒均匀即可。

七、成品特点

成品色泽油润、红亮，鲜香扑鼻，色彩斑斓。

八、思考题

1. 炒面时如何做到不粘锅、不断条？

2. 炒面时配菜的投放顺序如何掌握？

实验二十三　炸酱面的制作

一、实验目的

（1）掌握炸酱面的制作方法。

（2）熟悉不同酱料制作的基本方法。

二、产品简介

炸酱面（1-23）是我国传统特色面食，被誉为"中国十大面条"之一。炸酱面起源于北京，在我国北方十分流行，而陕西、天津、上海、广东、东北也有不同制法的炸酱面。韩国亦有炸酱面，是由华侨带入韩国的，它以春酱（黑豆酱）为调味料，加上洋葱、虾、肉类等，摆放精致，中间盘放面条，最中央是一撮紫色的炸酱，像一盘工艺品。炸酱面是北京富有特色的食物，由菜码、炸酱拌面条而成。炸酱面的具体做法为：首先将黄瓜、香椿、豆芽、青豆、黄豆切好或煮好，做成菜码备用。然后做炸酱，将肉丁及葱姜等放在油里炒，再加入黄豆制作的黄豆酱或甜面酱炸炒，即成炸酱。面条煮熟后捞出，浇上炸酱，拌以菜码，即成炸酱面。也有面条捞出后用凉水浸洗，再加入炸酱、菜码的，称之为"过水面"。

图 1-23　炸酱面

三、设备与用具

汤锅、大勺、大漏勺、电子秤、刀具、砧板、不锈钢盆、盘子。

四、实验原料

（1）主料及配料：面条 500g、五花肉沫 300g、黄瓜丝 10g、胡萝卜丝 10g、蛋皮丝 10g、香菜 5g、花生米 50g、香葱 200g、生姜 10g、蒜籽 20g。

（2）酱料：红油豆瓣酱或豆瓣酱 120g、老干妈或干黄酱 100g、甜面酱 130g、香辣酱 50g、芝麻酱 30g（起香）、白糖 30g、花雕酒 20g、水 200g。

（3）调料：食用油 100g、味精 20g、鸡精 20g、生抽 50g、八角 20g、花椒 5g、盐和白糖适量。

五、工艺流程

六、操作要点

（一）制酱

将锅晾凉后，加入食用油，下八角、花椒小火炒香后捞出料渣，下五花肉沫，炒至出油，炒至出油，放入葱花、生姜沫、蒜籽沫炒香，加入红油豆瓣酱或黄豆酱翻炒一番后，加入甜面酱、香辣酱、老干妈或干黄酱、芝麻酱、生抽、花雕酒、水（混合调匀加入）。

所有的酱料下锅翻炒均匀后，小火慢炒，水分炒干后，放入盐、味精、鸡精、白糖（也可以加入其他的调味品，如麻辣鲜、南德调料、十三香、麻油、花椒油）。熬至黏稠适中时，起锅装碗备用。（注意：可根据个人喜好加辣油；加水后的酱不能太黏稠；一定不能火候太大，一定要加速推炒。）

（一）煮面

锅中加入水，大火烧开后下面。下面时，轻轻用筷子拨两下使面撒开，煮好后捞起直接装盘。加入胡萝卜丝、黄瓜丝、青红椒丝，浇上酱汁，撒几粒花生米，点缀蛋皮、香菜或葱花。（注意：如果是夏天，则可以早点煮好备用；如果是冬天须现煮现用。也可以煮至 8 成熟，等到用时，用漏勺再一次装面，下锅烫一下即可。）

七、成品特点

面条洁白劲道，炸酱色泽红稠、酱香扑鼻，配菜爽口、色香味俱全。

八、思考题

1. 煮面时如何保证面条爽口不粘牙？

2. 酱料制作时有何技术要领？

实验二十四　拉面的制作

一、实验目的

（1）学习拉面的制作方法。

（2）理解拉面制作的基本原理。

二、产品简介

拉面（1-24）又叫甩面、扯面、抻面，是我国北方城乡独具地方风味的一种传统面食。民间相传拉面因山东福山抻面而驰名，有起源于福山拉面一说，后来演化成多种口味的著名美食，如兰州拉面、山西拉面、河南拉面、龙须面等。

图 1-24　拉面

拉面可以蒸、煮、烙、炸、炒，各有一番风味。拉面的技术性很强，要制好拉面必须掌握正确的要领，即和面要防止脱水，晃条必须均匀，出条要均匀圆滚，下锅要撒开，防止蹲锅疙瘩。拉面根据不同口味和喜好还可制成小拉条、空心拉面、夹馅拉面、毛细、二细、大宽、龙须面、扁条拉面、水拉面等不同形状和品种。

三、设备与用具

汤锅、大勺、大漏勺、电子秤、刀具、砧板、不锈钢盆、盘子。

四、实验原料

配方1：高筋面粉或特精面粉500g、水230~260g、盐4~5g、蓬灰（拉面剂）2~3g，蓬灰与水的比例，蓬灰：水＝1：5。

配方2：高筋面粉或特精面粉500g、盐4g、筋力源F型（拉面剂）4g、水250~300g。

五、工艺流程

和面 → 饧面 → 搋面 → 下剂 → 拉面 → 煮面 → 成品

六、操作要点

（一）拉面制作

1. 和面

以使用配方2的原料：面粉500、盐4g、筋力源F型4g、水250~300g为例。

和面的水应根据季节确定水温，夏季的水温要低，为10℃左右，春、秋季的水温为18℃左右，冬季的水温为25℃左右。只有在特定的水温下，面粉中所含的蛋白质才不会发生变形，才能生成较多的面筋网络，并且淀粉也不会发生糊化，充实在面筋网络之间。夏季调制时，因为气温较高，即使使用冷水，面团筋力也会下降。此种情况下，可适当加入点盐，以增强面筋的强度和弹性，并使面团组织致密。拉面剂建议选用筋力源F型，该产品与传统蓬灰相比，拉面不易断条，面质更"筋"，不含氰、砷、铅等物质，具有速溶的优点。使用时，用温热水将其化开并晾凉（每500g筋力源F型加水2500g，可拉面粉75~90kg）。

首先将筋力源F型放入容器里加少量水溶化备用。将面粉倒砧板上（也可用盆），同时均匀地把盐散在面粉上，中间开窝，倒入水，500g面粉用水250~300g（面粉筋度不同，含水量不同，用水量不同）。第一次用水量约为总用水量的70%。操作时应由里向外，从下向上搅拌均匀，拌成梭状（雪片状）。拌成梭状后须淋水继续和面。第二次淋水量约占总用水量的20%，另外10%的水应根据面团的具体情况灵活掌握。和面时采用捣、揣、登、揉等手法，捣是用手掌或拳撞压面团；揣是用掌或拳交叉捣压面团；登是将手握成虎爪形，抓上面团向前推捣；揉是用手来回搓或擦，把面粉调和成团。和面主要就是捣面，双拳（同时沾拉面剂水，但要注意把水完全打到面里）击打面团，关键的是当面团打扁后再将面团叠合时一定要朝着一个方向（顺时针或逆时针），否则面筋容易紊乱，此过程大约需要15min以上。一直揉到不沾手、不沾砧板，面团表面光滑为止。

另外，拌成梭状是为了防止出现包水面（即水在面团层中积滞），包水面的水和面粉相分离，致使面团失去光泽和韧性。捣、揣、登是为了防止出现包渣面（即面团中有干粉粒），促使面筋较多地吸收水分，充分形成面筋网络，从而产生较好的延伸性。

2. 饧面

面和成团后，可用压面机折叠，反复压至充分光滑，将压好的面团表面刷油盖上湿布或者塑料布或放入打包袋中，以免风吹后发生面团表面干燥或结皮的现象，静置一段时间（至少 30min）。饧面的目的是使面团中未吸足水分的粉粒有一个充分吸水的时间，这样面团中就不会产生小硬粒或小碎片。使面团更加均匀、柔软，并能更好地形成面筋网络，提高面的弹性和光滑度，制出的成品也更加爽口筋道。

3. 搋面

将加好筋力源 F 型的水溶液的面团揉成长条，两手握住其两端上下抖动，反复抻拉，根据抻拉面团的筋力，确定是否需要搋拉面剂。经反复抻拉、揉搓，一直到同团的面筋结构排列柔顺、均匀，符合拉面所需要的面团要求时，即可进行下一道工序。

4. 下剂

将溜好条的面团放在砧板上抹油，轻轻抻拉，然后用手掌压在面团上，来回推搓成粗细均匀的圆形长条状，再揪成粗细均匀、长短相等的面剂，盖上油布，饧 5min 左右，即可拉面。

5. 拉面

拉面方式 1：案板上撒上面粉，将饧好的面剂搓成条，滚上铺面。若拉韭叶、宽面，则用手压扁面剂。具体做法为：首先两手握住面剂的两端，然后抻拉，拉开后，右手面头交左手，左手两面头分开，右手食指勾住面条的中间再抻拉，待面条拉长后把面条分开；其次右手食指面头倒入左手中指勾住，右手食指再勾入面条中间，向外抻拉，根据左手帝边的面条粗细，用左手适当收面头，反复操作。

拉面方式 2：上抛下拉（呈"几"字形），往下是平着面两侧拉，拉时要有爆发力，以一左一右方式上劲，每次最好从中间上劲，拉时左右手均匀用力，4 次上劲均匀即可切条备用。拉面条时须用力均匀，目的是使拉出的面条匀且不易断，上劲时动作要快。在整个拉面过程中动作越快，面劲越大。若动作慢，则面没劲，易下垂。出条时，两手捏住面的两头，向两侧平拉，掌心向上，提起时，食指与中指放进面的下端，反转后中指拿出，食指挑一端，同时向两端再平拉，拉时与桌面平行且靠近桌面。如此反复，同条可由 1 根变4根，4根变8根，面条的根数成倍地增长。面条粗细以扣数多少决定，扣数越多，面条越细。一般毛细8扣，细面7扣，二细6扣。拉好后，左手食指上的面条倒入右手大拇指，用左手中指和食指将右手上的面条夹断，下入锅中煮面。目前，根据面剂成形的不同和扣数的多少，拉面的主要品种有毛细、细面、二细、三细、韭叶、宽面、大宽、荞麦棱等。

6. 煮面

拉面出条均匀即可截断下锅，锅内的水要大火烧开，面条下锅后开大火煮，等面条浮起，轻轻搅动，约1min后面条熟，捞于碗中。煮面的锅要用钢精锅、不锈钢锅等不易生锈的锅。

备注：

下面时一定要水等面，不能面等水，面等水容易变形及粘连。500g面可拉三大碗/四小碗。

（二）牛肉汤制作

1. 牛肉汤制作工艺流程

2. 牛肉汤制作方法

1）制汤原料

制作牛肉汤时选用牛腿骨、牛肉、牛肝、土鸡、姜，调味料用细纱布包成调料包（一般总量不超过5g）。

复合调味料配比有以下两种。

（1）清香型：白胡椒200g、姜皮250g、肉蔻50g、熟孜然200g、大茴香50g、毕拔50g、丁香50g、小茴香50g、花椒200g、草果250g、草蔻50g，搅拌均匀打成粉备用。

（2）浓香型：熟孜然粉250g、八角100g、草果100g、桂皮30g、香叶30g、甘草15g、花椒230g、黑胡椒60g、丁香55g、熟芝麻1.25kg、干姜65g、白芷40g、白蔻150g、肉蔻60g，搅拌均匀打成粉备用。

2）制汤方法

（1）浸泡：将牛腿骨砸断，牛肉切为250～500g的块状，同牛腿骨一起浸泡于清水中，浸泡过的水不可弃去，留作吊汤用。

（2）煮制：将浸泡过的牛肉、牛腿骨、土鸡放入锅中（不能用铁锅，铁锅易使汤汁变色），注入冷水，大火煮沸，撇去汤面上的浮沫，将拍松的姜和调料包、精盐下入锅内煮制；用文火煮制，始终保持汤微沸。煮制2～4h后，捞出牛肉、牛腿骨、土鸡、姜和调料包。将牛肝切小块放入另一锅中煮熟后澄清备用（也可和牛肉、牛腿骨、土鸡一起下锅煮制）。

（3）吊汤：将浸泡牛肉的血水和煮牛肝的清汤倒入牛肉汤中，大火煮沸后，改用文火，用手勺轻轻推搅，撇去汤面上的浮沫，使汤色更为澄清。汤是拉面的根本，若鲜、香味不足，则须进一步吊制。进一步吊制的方法是：首先，停止加热，汤中的脂肪便会逐渐上浮与水分层，将未发生乳化的浮油撇除干净，以免在吊汤时继续乳化，影响汤汁的清澈度；其次，用纱或细网筛将原汤过滤，除去杂质；最后，将生牛肉中的精牛肉斩成茸，加清水浸泡出血水，将血水和牛肉一起倒入汤中，大火烧开后改成文火，等牛肉蓉浮起后，用漏勺捞起，压成饼状，然后再放入汤中加热，使其鲜味溶于汤汁中，加热一段时间后，将浮物去除。在行业中，此法被称为"一吊汤"。若需要更为鲜纯的汤，则需"二吊汤"或"三吊汤"。

备注：

（1）煮汤先用旺火烧开，然后转成小火，汤面保持似开不开的状态，直到制成为止。若火力过旺，则会使汤色容易浑浊，失去澄清的特点；火力过小，则影响汤汁的鲜醇。

（2）凉水浸泡原料 1h 以上，使各原料内部各营养成分凝固，熬出的汤鲜香味美。

（3）原料汆水要汆透。

（4）煮汤用的水要一次加足。如果中途加入冷水，汤汁温度突然下降，就会破坏原料受热的均衡，影响原料内可溶性物质的外渗。若万不得已要加水，则只能加入开水冲到汤锅里，严禁往汤锅内加入冷水。

（5）煮汤的原料均应冷水下锅，如果投入沸水中，原料表面骤受高温而易凝固，则会影响原料内部的蛋白质等成分的溢出，汤汁达不到鲜醇的目的。

（6）兑调味水调味：将适量复合调味料（量的多少视各地不同饮食习惯而定）放入水中用文火煮（放入肝汤中煮更好），待煮出香味后，进行沉淀或过滤，过滤后与吊过的牛肉汤兑在一起，其目的是增加汤的香味（但注意制汤时加香料太多，会影响汤的色泽），最后加盐和味精，即成牛肉拉面所用的牛肉汤。

3）牛肉加工

将煮熟的牛肉切成边长为 1.5cm 的丁。牛肉切好后放入锅内添汤，加入适量虾酱、蚝油、生抽、盐、味精、胡椒粉等烧开，撇去浮沫，小火焖入味，汤汁收干备用。

（三）其他佐料制作与加工

1. 辣椒油制作

选用辣度适中、颜色鲜艳的辣椒面，油选用一级精炼菜籽油或色拉油。先将油烧热（菜籽油炼去浮沫烧熟），放入葱段、姜片、砸破的草果、小茴香炸出香味，待油温降至 120℃ 左右时，捞出调料。在辣椒面中放入少许盐，倒入温油炸，一般 500g 辣椒面用 2500～3500g 油，炸透后放置 24h 以后可用。

2. 萝卜片加工

将萝卜切成长 4.5cm、宽 2.5cm、厚 0.2cm 的片状，放入冷水锅中煮熟捞出，在冷水中漂凉备用。

3. 蒜苗、香菜加工

蒜苗洗干净，切成蒜苗花；香菜洗干净，切成末备用。

（四）成品制作

将煮好的拉面捞入碗中，舀一勺汤，将拉面用勺舀起再放下，放上萝卜片（或将萝卜片直接放入汤中）、牛肉丁，再添上适量的汤，撒上香菜、蒜苗，淋上辣椒油即可。

（五）结论

用本工艺制作的拉面符合甘肃省牛肉拉面的质量标准。这种拉面操作规范、质量稳定、制作方法简单，易于推广，不但适合散户经营，而且适合规模化生产和连锁经营。

七、成品特点

拉面线条均匀、饱满、圆润、无断条，色泽乳白或淡黄，面香浓郁，盛于碗中，则一清（汤清）二白（萝卜白）三红（辣椒油红）四绿（蒜苗香菜绿）五黄（拉面微黄），色、香、味俱佳。

八、思考题

1. 面粉原料的选择对拉面品质有何影响？

2. 和面技术对拉面品质有何影响？

3. 牛肉与辣椒的选择有何要求？

实验二十五　肥肠面的制作

一、实验目的

（1）学习肥肠面的制作方法。

（2）学会处理新鲜大肠。

二、产品简介

肥肠面（图1-25）是四川著名的传统小吃，属于川菜系，酸辣可口，是用料酒、姜、八角、桂皮、肥肠等制作而成的。猪大肠有润燥、补虚、止渴止血的功效，可用于治疗虚弱口渴、脱肛、痔疮、便血、便秘等症，一般人均可食用。

图1-25　肥肠面

三、设备与用具

炒锅、汤锅、大勺、大漏勺、电子秤、刀具、砧板、不锈钢盆、盘子。

四、实验原料

（1）主要原料：新鲜肥肠100g、湿面条500g。

（2）面臊制作原料：肥肠100g、八角2g、桂皮2g、花椒2g、醋1g、山奈2g、香叶1g、草果1g、盐1g、胡椒粉2g、鸡粉3g、红烧酱油2g、姜2g、葱节5g、复制红油20g、姜末2g、陈皮3g、菜油30g、郫县豆瓣5g、豆粉

3g、高汤 20g、五香粉 1g。

（3）面条配料：香菜 5g、芹菜末 5g、高汤 50g、花椒油 2g、辣椒红油 10g、盐 2g、鸡精 3g。

五、工艺流程

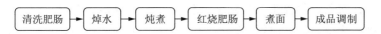

六、操作要点

（一）清洗

肥肠用清水浸泡后翻过来用清水冲洗，冲洗完后沥水，加入面粉、盐、小苏打、黄酒，抓洗几次（此方法也可以用于洗鸭胗），用清水冲洗干净。

（二）焯水

焯水时，水中放入八角、黄酒、姜、葱、花椒煮开后，放入大肠焯水，焯水后再次清洗。

（三）炖煮

清洗后放入清水，锅中放点葱、姜、八角、黄酒、花椒，大火烧开，小火慢炖，煮到可以用筷子戳穿为止，捞出、改刀切成简装小节段。

（四）红烧肥肠

肥肠起锅，将其切成小段，锅烧热下菜油，油 5 成热的时候下肥肠，将其炸得表皮酥软时起锅沥干油。锅烧热、复制红油，下姜末，爆香以后下肥肠、香料和剁细的郫县豆瓣，炒出颜色以后，下红烧酱油，调色均匀以后，下高汤，加入糖色，待汤汁漫过肥肠后加盖，小火慢炖 20min，将豆粉加水化匀，在锅内勾芡，加入盐、鸡精即可。

（五）煮面

面条下锅，断生 7 成熟后捞起，放入碗中备用。

（六）成品调制

碗中放入盐、鸡精、胡椒粉、红油，加入高汤，在面条上浇上肥肠面膆，撒上香菜、芹菜末即可。

七、成品特点

成品汤色红润、配菜碧绿，肥肠软糯香嫩，汤汁浓郁，面香扑鼻，美味至极。

八、思考题

1. 如何清洗更利于去除大肠的异味？

2. 肥肠还有哪些制作方法？

附例 1：腰花面的制作

一、实验原料

（1）主料：面条、猪腰花、洋葱片、木耳片、青红椒片、葱片、姜片。

（2）调料：味精、盐、白糖、胡椒粉、陈醋、生抽、淀粉、色拉油、红油豆瓣酱（起锅加入少量麻油）、香花（芹菜末）。

二、制作过程

（一）腰花前处理

腰去腰筋，改刀花，冲洗后，沥干水分调味，加入盐、味精、黄酒、醋（少许）生抽、盐抓拌开，加入玉米淀粉，拌开备用。

（二）腰花滑油

锅中车架号入油，将腰花滑油，滑油时不能太老，滑油时可以一并把洋葱片、木耳片、青红椒片一并滑油后捞起。

（三）炒腰花

锅中放入少许油，下入姜片、葱片，煸炒香味，加入红油豆瓣酱、盐、味精、鸡精、白糖、陈醋、生抽炒开，加点水后勾芡（不能太稠），下入滑过油的腰花及洋葱片、木耳片、青红椒片，翻炒几下起锅即可。

（四）煮面

面条下锅，煮至 7 成熟后捞起，放入碗中备用。

（五）成品调制

碗中放入盐、味精、胡椒粉、红油，加入高汤，在面条上浇上腰花面臊，撒上香菜、芹菜末即可。

附例 2：拨鱼面的制作

一、实验原料

（1）主料：面粉、西红柿、青菜、南瓜、鸡蛋、蒜泥、香葱、鸡汤/白水。

（2）调料：盐、味精、鸡精、胡椒粉、湿淀粉（勾芡）。

二、制作过程

（一）调面糊

青菜面糊：青菜汁中加入盐、味精，将其加入面粉并顺同一方向充分搅拌上劲，呈较硬的糊状。

南瓜面糊：将南瓜泥、盐、味精、鸡蛋、面粉、充分搅拌均匀，搅拌时始终顺同一方向。

（二）拨鱼面酱汁制作

（1）炒鸡蛋：锅中加入油，油热后打入鸡蛋充分搅拌炒熟，鸡蛋炒老一点后倒出。

（2）炒番茄汁：锅中留油加入蒜泥炒香，放入西红柿炒香，加水煮开，放入一点猪油，搅拌烧开。若需要汁浓一点，则多烧一会儿。加入盐、味精、鸡精、白糖、番茄酱调味、调色后用湿淀粉勾芡，再加入炒好的鸡蛋搅均匀，起锅前加点麻油。

（三）调味汁

将盐、味精、胡椒粉加入鸡汤中备用。

（四）拨面

锅中水烧开，将碗倾斜，用竹签沿锅边缘将面糊划进沸水中（呈长条形，中间粗、两头细，像小鱼），大火煮沸一会儿，捞出置于汤汁中，上面铺入拨鱼面酱汁。

附例3：鸡汁小刀面（手擀面）

一、实验原料

（1）主料：面粉、红毛蛋鸡、鸡骨架、葱、生姜、黄酒、鸡油。

（2）调料：盐、味精、鸡精、胡椒粉。

（3）调汤：盐、味精、胡椒粉、鸡汤。

二、制作过程

（一）和面

用特精面粉500g、纯碱2g（盐是筋，碱是骨）、盐4～5g、水220g，可放入鸡蛋或蛋清（水量相应减少），将面和均匀后盖上玻璃纸醒发一会儿。

（二）压面

将醒发好的面用压面机充分压均匀，面片用滚轮擀面杖与长擀面杖交替擀成长方形、薄厚均匀的面片，呈S型折叠成长条，用刀将其切成均匀的面条（若开店，则不要切均匀，不然别人以为是机器压的面条）。

（三）调味

将盐、味精、鸡精、胡椒粉加入鸡汤中备用。

（四）煮面

面条用大火烧开，煮熟后用漏勺捞出，放入汤中即可。

实验二十六 太和板面的制作

一、实验目的

（1）学习太和板面的制作方法。

（2）学会板面汤料的炖煮方法。

二、产品简介

太和板面（图1-26）也称为安徽板面、太和羊肉板面，是安徽省阜阳市太和县的特色小吃，因在砧板上摔打而得名。太和板面的制作方法为：用面粉加食盐、纯碱、水搅拌，和成面团并揉搓，制成小面棒，涂上香油码好。制作时，边摔边拉，板面由此而得名。

图1-26 太和板面

太和板面之所以风味独特，一是面好，二是臊子好。太和板面的臊子，一般以牛羊肉为原料，配以辣椒、茴香、胡椒、花椒、八角、桂皮等20多种佐料炒制而成。它的做法是：精选肥瘦适中的嫩牛羊肉，切成葡萄大小的方丁；将干红辣椒放入油中炸至焦黄，色味被收入油中时，捞出控油、晾脆，以刀拍碎备用；将切好的肉丁入油，反复煸炒，至肉块定形后，将拍过的辣椒及精盐等调味品适时放入，以文火煎掉肉中水分，待肉丁着色均匀呈枣红色时，离火降温。成品臊子精在工艺，巧在火候，香而不腻、辣而不辛、咸而不涩，色如玛瑙，晶莹悦目，味道鲜美。这种臊子的一个奇特之处是保鲜期长，不须冷藏可存放 1 年以上，经夏不腐，味道不变。

2015 年 5 月，太和县第四批县级非物质文化遗产名录公布，太和羊肉板面制作技艺等被列入第四批县级非物质文化遗产名录。

三、设备与用具

炒锅、汤锅、大勺、大漏勺、电子秤、刀具、砧板、不锈钢盆、盘子。

四、实验原料

（1）板面原料：面粉 500g、水 240～250g、纯碱 1.5g、盐 4～5g。

（2）板面高汤原料：①牛肉、牛骨、牛油、大葱、生姜、芹菜、干豌豆、白干（过油炸至表面金黄微焦）、牛肉丸、干红辣椒、香料包；②香料包：水 10～15kg、八角 3g、丁香 1g、桂皮 2g、孜然 1g、花椒 1g、砂仁 2g、香叶 3g、陈皮 2g、白芷 3g/5g、草果 2g（个）、小茴香 2g、肉蔻 1 个 2g、白豆蔻 2g、良姜 2g、荜菝 2g、香茅草 2g、山奈 3g、胡椒 1g。

（3）臊子原料：嫩牛肉或羊肉、盐、味精、糖少许、胡椒粉、五香粉、食用油、牛肉汁、番茄酱、洋葱、青蒜、香葱、香菜、豆瓣酱、三福火锅底料（麻辣味）、红烧酱油、生抽、开水、干辣椒。

（4）香辣油的原料：牛骨熟牛油、火锅油、植物油、花椒、八角、桂皮、葱、姜片、辣椒油、白芝麻。（冬季牛油冷后太硬可加些菜油，夏季可不用植物油。）

五、工艺流程

（一）板面制作工艺流程

制作面团 → 制作面团 → 制作面块 → 拉面 → 煮面 → 装碗备用

（二）板面高汤制作工艺流程

选料 → 浸泡牛骨 → 煮制 → 撇去浮沫 → 下调料煮制

成品 ← 调味 ← 吊汤 ← 捞出牛肉备用

六、操作要点

（一）板面制作

1. 制作面团

纯碱用水化开与盐一同加入面粉，加入余下的水调制成团，压面机反复折叠将面团充分压均匀。

2. 制作面块

将和好的面团擀至长条形，切成长 8cm、宽 2cm 的长方形面块，用玉米淀粉拍打。将上述切好的面块重叠放好并用湿布覆盖，备用。

3. 拉面

拿出面块两头拉，抖一抖，在桌上打一打（去除多余面粉），在桌上摔一摔拉成长条（宽 1.5cm、长 70cm、厚 1mm）。

4. 煮面、装碗备用

大火烧开水后下入面条，面条下锅后浮起时会变宽，下青菜，9 成熟捞起沥水放入大碗，浇入前面制好的高汤。

（二）板面高汤制作

1. 选料

牛骨、生牛油、生姜、大葱、黄酒适量，20 种材料放入纱包加水浸泡。

2. 泡牛骨

牛骨浸泡至无血水后，将其从中间分两段放入清水中，调汤时不用小葱。

3. 吊汤

桶内放入生牛油、牛骨、生姜、大葱、黄酒，大火烧开，去尽味，放入香料包，连水加入烧开的锅中，改中火慢慢熬至牛肉扎不出血水，把牛肉捞出，改小火慢熬 1～2h。中途若香味散发，则香料包可以取出。牛肉冷却后切丁备用。

4. 调味

每 500g 汤加入盐 4～6g、味精 3～4g、糖、鸡精少许，下入制作好的香辣油（汤到用时再调味）。

（三）香辣油制作

1. 炒料

将熟牛油与植物油（菜油）下锅炒化，放入洋葱丝、香葱（整个拍一下即可）、姜片、八角、桂皮、花椒，小火慢炒至无水汽，约 30min，此时食材呈焦褐色。

2. 熬辣椒油

捞出食材沥油去掉，放入白芝麻、辣椒粉，再加入两小勺盐，小火慢熬至辣椒有辣味，15～20min，忌大火。（一定要小火慢熬，不要急躁，各种香料很干燥，利用葱、姜、洋葱中的水分释放香味。）

（四）臊子制作

辣椒油制作完成后，锅内留少量辣椒油，加入植物油，油烧热，下牛肉丁（牛肉切方丁），翻炒至无水分，放入红烧豆瓣、番茄酱、三福火锅底料（麻辣味），翻炒均匀，加点牛肉汁、红烧酱油、生抽、盐，放入开水盖过牛肉（水多一点），干辣椒下入其中，烧一会儿调味（盐、味精、鸡精、糖、胡椒粉、五香粉），加入桶中调好的牛肉汤汁中，大火烧开，烧10～15min，充分出味，加入香干。

（五）成品制作

逐一取出制好的长方形面块，用擀面杖将其压成面片，取面片放在手上，在砧板上用力平摔，待其摔长后丢入沸水锅内，待水重新沸腾后，再放入已备好的青菜。用漏勺将已经煮熟的面和菜捞出，放入碗内，浇一份汤料，舀一勺臊子浇上，淋上香辣油即可。

备注：

太和板面用料制作十分讲究，各种用料按一定比例和顺序投放。将制作好的汤料舀到搪瓷盆里，凉后便凝结成固体，随吃随取。

七、成品特点

成品清白润滑、晶莹透亮，放上青菜，浇上汤料，白的面条、绿的菜叶、红的汤料、红的臊子，看起来生气勃勃，令人食欲大增。

八、思考题

1. 太和板面相对于拉面，其制作有何特点？
2. 太和板面用料有哪些讲究？

附例：鸡丝凉面的制作

一、实验原料

（1）主料与辅料：湿面条（圆扁均可）、鸡丝、胡萝卜丝、黄瓜丝、青红椒、蛋皮切丝、木耳、紫甘蓝。

（2）调味料：盐、味精、鸡精、白糖、胡椒粉、面条鲜、陈醋、麻油、花椒油（麻味）、辣油、芝麻酱、花生酱。

二、制作过程

（1）材料中各种蔬菜丝焯水后冷却备用（黄瓜丝不用），蒜拍碎。

（2）鸡丝过热水，捞出沥水。

（3）碗中加入上述调味料，调均匀，可加入少许汤化开调料备用。

（4）面条煮熟、过冷水后沥水，拌色拉油并凉置，定时将面条用筷子翻动，抖松散装盘备用。

（5）取适量面条装盆加入（3）中制成的调料，加入葱、香菜及焯过水的蔬菜丝搅拌均匀，装盘即可。

实验二十七　过桥米线的制作

一、实验目的

（1）了解米线的相关知识。

（2）学会过桥米线的制作方法。

二、产品简介

米线是我国具有悠久历史的传统食品，既可作为主食，又可作为小吃，是南方地区人们经常食用的米制品。古烹饪书《食次》中记载米线为"粲"。米线也称酸浆米线、酸粉、干米线、米粉。

米线是以直链淀粉（含量为 20％～25％）、中等胶稠度的新鲜大米为原料，经过除杂、水洗、浸泡、碾磨、糊化、成形、冷却等一系列十多道工序所制成的一种条状米制品，色洁白，有韧性，于开水中稍煮后捞出，放入肉汤中，一般拌入葱花、酱油、盐、味精、油辣、肉酱，趁热吃。粉丝与其类似，但口感不同。

米线品种繁多，依据不同的分类方法，有下列几大类。

（1）米线依据产品形状可分为榨粉和切粉。榨粉有粗条、中条、细条、波纹米粉等；切粉有中宽条、细宽条。

（2）米线依据其产品的干湿程度可分为干米粉和湿米粉，包括湿榨米粉、湿切米粉、干榨米粉、干切米粉。

（3）米线依据其产品在食用前的处理方式可分为普通米线、高档精制干米线、方便米线、保鲜湿米线。

高档精制干米线是通过改进生产工艺、生产设备发展起来的米线，其产品质量显著提高，洁白透亮，条形均匀挺直，久煮不�*烂*汤、不断条，吐浆率低。产品以外贸出口为主，如广州沙河粉就是我国米线中的精品。

方便米线同方便面一样，只要用热水浸泡几分钟就可食用，并且带有各种调味汤料。

保鲜湿米线经由独特的工艺和配方制成，开袋后用沸水冲泡一下加入调味料即可得到凉拌粉线，或再加入开水制成汤粉，也可入锅炒食。

米线中最有名的要数云南的米线，制法有两种：其一，由大米发酵后磨制而成，称为酸浆米线，其工艺复杂、生产费时，但是口感好，滑爽回甜，有大米清香，为传统制法；其二，取大米磨粉后直接放在机器中挤压，靠摩擦的热度使其糊化成形，称为干浆米线，其晒干后即为干米线，方便携带贮藏，食用时再蒸煮涨发。干浆米线筋骨硬、线长，但香味不及酸浆米线。具体米线种类包括玉溪小锅米线、大锅肠旺米线、豆花米线、凉米线、卤汁米线、过桥米线。

过桥米线（图1-27）是云南省滇南地区的一种特有的小吃，属滇菜系。该菜品起源于蒙自地区，是由汤料、佐料、主料及辅料制作而成的。含有丰富的碳水化合物、维生素、矿物质及酵素等，具有熟透迅速、均匀，耐煮不烂，爽口滑嫩，煮后汤水不浊，易于消化的特点，特别适合休闲快餐食用。

图1-27　过桥米线

三、设备与用具

炒锅、汤锅、大勺、大漏勺、电子秤、刀具、砧板、不锈钢盆、盘子。

四、实验原料

过桥米线原料由4部分组成，具体内容如下。

（1）汤料制作食材：肥母鸡半只（约750g）、老鸭半只（约750g）、猪筒子骨3根、猪油或鸡鸭油50g、芝麻辣椒油25g、优质稻米400g、流油。

（2）佐料：油辣子、骨粒香20g、胡椒粉、精盐1.5g，芝麻油5g，核桃酱5g。

（3）主料：用水略烫过的米线200g，生的猪里脊肉片、鸡脯肉片、乌鱼片及5成熟的猪腰片、肚头片、水发鱿鱼片各50g。

（4）辅料：豌豆尖25g、韭菜25g、豆腐皮各50g，盐、芝麻油、芝麻辣椒油、核桃酱、猪油或鸡油、骨粒香、香菜、胡椒粉、葱丝、草芽丝、姜丝、葱花各少许，葱头10g。

五、工艺流程

制汤 → 原料制备 → 制作米线 → 装碗、配料 → 成品

六、操作要点

（一）制汤

将鸡鸭去除内脏、洗净，同洗净的猪骨一起放入开水锅中略焯，去除血污，然后入锅，加水 2kg，放入适量骨粒香焖烧 3h 左右。至汤呈乳白色时，捞出鸡鸭（鸡鸭不宜煮得过烂，另做别用），取汤备用。

（二）配料制备

将生鸡脯肉、猪里脊肉分别切成薄至透明的片放在盘中；乌鱼（或鱿鱼）肉切成薄片，用沸水稍煮后取出装盘；豆腐皮用冷水浸软切成丝，在沸水中烫 2min 后，漂在冷水中待用；韭菜洗净，用沸水烫熟，取出改刀待用；葱头、香菜用水洗净，切成 0.5cm 长的小段，分别盛在小盘中。

（三）制作米线

稻米经浸泡后，首先磨成细粉、蒸熟、压成粉丝，然后用沸水烫 2min 成形，最后用冷水漂洗米线，每碗 150g。

（四）装碗配料

食用时，用高深的大碗，放入 20g 鸡鸭肉，并将锅中滚汤舀入碗内，加入盐、骨粒香、胡椒粉、芝麻油、猪油或鸡鸭油、芝麻辣椒油、核桃酱，使碗内保持较高的温度。汤菜上桌后，先将鸡肉片、猪肉片、鱼肉片依次放入碗内，用筷子轻轻搅动即可烫熟，再将韭菜放入汤中，加入葱丝、香菜、核桃酱，最后把米线陆续放入汤中，也可边烫边吃，各种肉片和韭菜可蘸着佐料吃。

七、食用方法

过桥米线是在煨好的鹅汤中加入米线和其他食品的一种独特的美食。米线以细白、有韧性者为好。吃时用大瓷碗一只，首先放入熟鹅油、味精、胡椒粉，然后将鸡、鸭、鹅、排骨、猪筒子骨等熬出的汤舀入碗内端上桌备用。此时滚汤被厚厚的一层油（一般封顶的油为鹅油）盖住不冒热气，但食客千万不可先喝汤，以免烫伤。应先食鹌鹑蛋，再食生片，趁汤是最高温的时候将生片烫熟。过桥米线是分食的，每人面前生片、鹅汤、蔬菜、米线各一碗。具体的食用方法为：首先把生鱼片、生肉片、鸡肉、猪肝、腰花、鱿鱼、海参、肚头片等生的肉食依次放入，并用筷子轻轻拨动，好将生肉烫熟；其次放入香料、叉烧等熟肉；再次放入豌豆类、嫩韭菜、菠菜、豆腐皮、米线；

最后放入酱油、辣子油。

八、成品特点

奇香：骨汤精华，配以多种中药及天然香料工艺精良，汤香扑鼻。

味醇：汤色红白兼备，红汤味色浓，白汤淡雅清新，香而不腻，鲜美绵长、通透持久。

营养：富含多种营养，补血美容、延年益寿。

九、思考题

1. 过桥米线的制作有何特点？
2. 过桥米线食用时有哪些讲究？

附例 1：过桥米线的制作（一）

一、实验原料

鸡胸脯 200g、猪肚头 20g、猪腰子 20g、乌鱼肉 20g、水发鱿鱼 20g、油发鱼肚 20g、火腿 20g、香菜 20g、葱头 20g、鹌鹑蛋 20g、净鸡块 20g，水发豆皮、白菜心、豌豆尖、葱、豆芽菜、蘑菇各 50g，米线 200g。

二、制作过程

（1）把肉料分别切薄片，有味道的焯水后漂凉装盘。

（2）其余各料另锅焯水，漂凉后切段装盘。

（3）香菜、葱切碎和油辣椒及烫过的米线一同上桌。

（4）鸡油烧至七成热时装入碗中，倒入烧开的清汤，加调料上桌。

（5）食时先将肉片烫至白色，下绿菜稍烫，再下米线，撒少许葱花、香菜即成。

附例 2：过桥米线的制作（二）

一、实验原料

排骨 300g、鲜鸡半只、鲜鸭半只、云南火腿 100g、老姜 1 块（50g）、盐

10g、熟米线 200g、鲜草鱼 80g、鲜猪里脊 80g、鹌鹑蛋 1 枚、韭菜 30g、香葱 30g、榨菜 30g、绿豆芽 30g、盐 5g、白胡椒粉 3g。

二、制作过程

（1）将排骨、鲜鸡、鲜鸭洗净，斩成大块，分别放入沸水，滚去血沫，捞出并冲洗干净。

（2）把排骨、鲜鸡、鲜鸭拍散的姜块、云南火腿一同放入高压锅（或大砂锅），加入为固体材料 4～5 倍的水，先大火烧开，再转为小火，煨制 1h 以上。

（3）加入盐，最后成品应该是浓浓白白的汤汁，表面飘着一层明油。

（4）将鲜草鱼肉和鲜里脊肉，分别切成极薄的肉片待用（为防表面变干，可以先码好，蒙上保鲜膜）。

（5）将沸腾的浓汤盛入保温的大碗，依次平放入鲜鱼肉片、鲜里脊肉片、绿豆芽、榨菜和韭菜，再放入生鹌鹑蛋，最后放入盐和白胡椒粉。

（6）放置 2min 后，放入沸水烫过的米线，撒上香葱即可。

附例 3：过桥米线的制作（三）

一、实验原料

米线 3kg、乌鱼 1kg、壮母鸡 2 只、猪里脊肉 1kg、猪排骨 2kg、猪腰 300g、白菜心 1kg、鸽蛋 10 对、安宁大葱 1kg、猪肚尖 100g、豌豆尖 1kg、草芽 1000g、胡椒粉 10g、五香粉 1g、甜酱油 200g、花椒面 3g、花椒油 10g、味精 10g、香菜 100g、精盐 60g、姜丝 20g、芝麻油 25g、咸酱油 200g、豆腐皮 200g、辣椒油 50g、老鸭 1 只、姜 50g、猪筒子骨 3 付、熟猪油 250g。

二、制作过程

（1）将鸡和鸭宰杀去毛，掏出肚杂、洗净，鸡血淋入小碗内，做清汤时用。猪排骨斩为长 1.6cm、宽 1cm 的方块，漂在凉水中，筒子骨敲断。

（2）将鸡、鸭、排骨、筒子骨放入汤桶内，注清水 20kg，置于大火上猛煮 4h，边煮边撇去浮沫，将鸡、鸭、排骨、筒子骨捞出。将两只鸡的血用手捏化徐徐注入桶中，随注随用手勺不停地向一个方向搅动，汤中的杂物逐渐沉淀而凝结在一起，汤由乳白色转呈清澈透亮，用漏勺捞去沉淀物，再加入排骨、筒子骨，移至小火上慢慢烧炖，放入精盐 50g，保持微开。

（3）将鸡、鸭去头、爪，剔去骨，加入精盐 10g、五香粉、花椒面拌腌 2h，切成长 2cm、宽 1.3cm 的一字条，分装入 10 只汤碗内。猪里脊肉片成长 2cm、宽 1.6cm 的薄片；乌鱼剔去皮、骨和小刺，片成薄片；肚尖去皮和筋，片成片；猪腰从中间剖开，剔去腰臊，片成薄片，放入凉水中漂洗一遍，再将肚片、腰片入锅汆一遍。把以上肉片分为 10 份，理码在 10 只盘内，每盘内摆成 4 行。

（4）草芽洗净，选嫩芽切为长 1.3cm 的小段，葱白切为长 0.6cm 的段，开水烫熟，同草芽一起分放于 10 只小碟内。葱叶切成末，香菜洗净、消毒杀菌后切成末，姜切成细丝；豌豆尖在开水中焯熟；豆腐皮用凉水洗去灰尘，温水泡软分放于 10 只小碟内；鸽蛋洗净，放于装豌豆尖的碟内。

（5）将米线用开水烫热，分入 10 只大碗内；用大碗将甜酱油、花椒油、辣椒油兑在一起，分装 10 只小碟。取特制深大碗 10 只，分放味精、胡椒面。熟猪油旺火烧至七成热时投入 1 片生肉，将油炙老发香，舀入碗内，每碗放入 15g，再冲入调好的汤，每碗用汤 400g、味精 2g、盐 2g。把汤、肉片、绿菜、蘸水碟、清汤五香鸡、鸭块一起上桌。

（6）鸽蛋磕入油汤碗内，一会儿即熟，把猪里脊肉片、乌鱼片、肚尖片、腰片逐渐放入油汤碗中，随烫随拌调料吃。最后放入绿菜、豆腐皮、葱花和米线即可食用。

附例 4：过桥米线的制作（四）

一、实验原料

（1）主料：云南米线 500g、鱼片 200g、猪肚 200g、猪里脊肉 1000g、母鸡 2500g、蘑菇 100g、绿芽菜 100g、豆芽 50g、豆腐干 100g 或油豆腐 100g。

（2）辅料：辣椒油 100g、胡椒粉 5g、醋 5g、盐 100g、鹌鹑蛋 100g、榨菜 50g、火腿 100g、香菜末 50g、香葱末 50g。

二、制作过程

（1）将乌鸡或者老母鸡取出内脏洗净，将鸡油取出。将鸡肉切成小块，先放入油中爆香，加入水盖过鸡肉，慢慢熬煮成浓鸡汤。[用走地鸡（自然放养的鸡）或老母鸡久熬出的汤色更浓，全看个人喜好。]

（2）烫碗：装米线的碗必须先用沸水烫过，保持温度。米线用水煮开，或者烫熟备用。

（3）平底锅中放入切成丁的鸡油慢慢熬出鸡油。

（4）将熬好的鸡油放入烫好的厚底碗中，将滚烫的鸡汤淋入碗中约 8 成满，这时厚厚的鸡油就浮在上面，可以保持鸡汤的温度。

实验二十八　老面狮子头的制作

一、实验目的

（1）学习老面狮子头的相关知识。

（2）学会老面狮子头的制作方法。

二、产品简介

老面狮子头（图1-28）是与花卷、包子、馒头类似的面食，是我国的传统面食。它的制作工序为：用老面做酵头揉制面团，锡发后用纯碱调节面团酸碱度，擀制成薄片后，刷油并撒上调味料，卷紧实，切分、折叠成狮子头形状后醒发再蒸熟，油炸至金黄即可。老面狮子头色泽金黄油亮，外形精致，状如小狮子头，香脆可口，营养丰富，味道鲜美。

图28　老面狮子头

三、设备与用具

蒸锅、滚轴擀面杖、大勺、大漏勺、电子秤、刀具、砧板、不锈钢盆、盘子。

四、实验原料

（1）和面原料：面粉500g、水230g、酵头100g/500g面粉（也可用酵母醒发）、纯碱1.7g/500g面粉（面团醒发后再加入碱）。

（2）调料：姜末 100g、3 勺盐、2 勺味精、1.5 勺鸡精、五香粉、麻辣鲜、十三香、南德调料。

五、工艺流程

六、操作要点

（一）和面

将老面用水和匀，倒入面粉中，揉至面团光滑，烤箱温度调至 50℃ 静置醒发（也可用酵母醒发）。

（二）调料制作

姜末 100g（备用）、3 勺盐、2 勺味精、1.5 勺鸡精、五香粉、麻辣鲜、十三香、南德适量，用擀面杖擀碎并调均匀备用。

（三）醒发加碱揉面

面团醒置一段时间后，若手拍面团发出"嘭嘭"的声音，扒开面团有气孔，有酸味，则开始加碱。加碱的方法为：按每 500g 面粉发的面团中加入 1.5g 纯碱，纯碱中加点面粉将面团铺平撒碱粉并洒点水，化碱后将面团沿同一方向揉，将碱充分揉开。面团揉至无酸味且有淡淡的碱香味时用压面机压几遍备用。

（四）擀面

压好的面团用滚轴擀面杖擀至厚 2mm、宽 35cm 的长条形。

（五）调味

刷子蘸老炸油（香），将面皮表面刷油后撒上调味料用手抹均匀，再撒一层姜末用手抹均匀。

（六）造型、蒸制

将面皮卷起来，边卷边压实，卷紧卷实，两头卷平不要有毛边，收口向下，稍压扁，切成宽 2cm 的小剂子，两头拉长对叠，筷子头压住一头 1/3 处，另一头呈 S 形折叠，叠 3 层后用筛子从中间压紧，整形后上蒸笼醒发。待面胚体积约为原来的 1.5 倍时上火蒸，水开后开始计时，根据狮子头大小蒸制时间为 5～8min，每增加 1 层蒸笼时间增加 2min。蒸好的狮子头完全冷却后备用。

（七）油炸

油温 4～5 成（30℃/成），炸至表面金黄（10min 左右），炸时用勺不停搅拌并舀油往狮子头上浇。

备注

（1）蒸制完成的狮子头完全冷却后，放入烤箱50℃加热约90min，外皮烤硬，油炸时更省时间，色泽刚好。

（2）纯碱的追加：在1.5g/500g面粉的基础上视个人喜好及温度等情况灵活掌握。若气温高，则用碱量大，一次可达3g/500g。

七、成品特点

形态：色泽金黄，形态饱满，状如小狮子头。
口感：香脆可口，略带碱香，质地均匀。

八、思考题

1. 老面狮子头的制作有何特点？
2. 老面狮子头与酵母发酵制作的狮子头有何区别？

实验二十九　肉夹馍的制作

一、实验目的

（1）学习肉夹馍的相关知识。

（2）学会肉夹馍的制作方法。

二、产品简介

肉夹馍（1-29）是古汉语"肉夹于馍"的简称，是我国陕西省传统特色食物之一。2016年1月，肉夹馍入选陕西省第5批非物质文化遗产名录。

图 29　肉夹馍

陕西地区有使用白吉馍的腊汁肉夹馍、宝鸡西府的肉臊子夹馍（肉臊子中放入食醋）、潼关的潼关肉夹馍（与白吉馍不同，其馍外观焦黄、条纹清晰，内部呈层状，饼体发胀，皮酥里嫩，火功到家，食用时温度以烫手为佳，并且是热馍夹凉肉，饼酥肉香，爽而不腻）。

肉夹馍实际是两种食物的绝妙组合，即腊汁肉加白吉馍。白吉馍是用半发开的面，将团捏成饼，在火炉里烤熟的。因制饼时的手法，用刀轻轻划开时，其内部竟一分为二。肉夹馍融腊汁肉、白吉馍为一体，互为烘托，将各自滋味发挥到极致。馍香肉酥，肥而不腻，回味无穷。据史料记载，腊汁肉在战国时被称为"寒肉"，秦灭韩后，其制作工艺传进长安。腊汁肉的做法是：选用上等硬肋肉，用盐、姜、葱、草果、白豆、丁香、枇杷、桂皮、香叶等20多种调料汤煮而成。煮汤原料是历代流传下来的陈汤，较少加水。腊汁肉之所以有名，与已有近80年历史的腊汁汤密切相关，当然火工也须特别讲究，地道的腊汁肉色泽红润、酥软香醇，肥肉不腻口，瘦肉满含油，配上热馍夹上吃，美味无穷。

肉夹馍所用的肉有 3 种：纯瘦、肥瘦、肥皮。年轻人中，以植提纤（一种减肥植物）瘦身的女子多喜欢吃纯瘦；肉要肥瘦均匀才香；肥皮肥而不腻、胶糯香滑，是腊汁肉中的精品。

三、设备与用具

蒸锅、擀面杖、大勺、大漏勺、电子秤、刀具、砧板、不锈钢盆、盘子。

四、实验原料

（1）面饼材料：酥脆剂 5g（拌入面粉中）、酵母 6g、糖 15～20g、面粉 500g、水 210g、黄油或牛奶香粉少许（增香）。

（2）碱水配料：食用碱 4g、水 60mL。

（3）卤肉材料：带皮五花肉 1000g、老卤汁 1 锅、蒜 1 瓣、香叶 2 枚、植提纤 2 颗、丁香 4 颗、八角 2 枚、酱油 10g、老抽 30g、白糖 60g、料酒 50g、姜 1 块（拍扁）、花椒 3g、干红辣椒 1 把、十三香 5g、桂皮 1 段、20g 蚝油、陈皮 2 块、白芷 2 块、香叶 3 片、草果 1 枚（拍破）、盐适量、水约 2000mL、青辣椒 4 个、香菜 1 小把。

五、工艺流程

（一）卤肉制作工艺流程

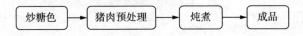

（二）面饼制作工艺流程

六、操作要点

（一）卤肉制作

1. 炒糖色

把锅烧热，放入冰糖和少量水，小火，不停地搅拌直至水糖溶化，泛起大气泡；慢慢地水糖颜色呈棕红色，并有焦糖的香气，此时立刻加入热水煮至融合即成糖色备用。

2. 猪肉预处理

把猪肉洗净后放入汤锅中，倒入清水（没过食材表面），大火加热煮沸后撇去浮沫，继续煮 3min 后捞出，用清水冲净猪肉表面的浮沫，锅中的水倒掉不用。

3. 炖煮

将焯烫好的猪肉放入洗净的锅中，加入足量清水（没过食材表面），用大火煮沸后，撇去有可能再次产生的浮沫。放入盐、葱、姜、炒好的糖色、老抽和卤肉料包（见调料表）搅匀，煮开后转小火炖煮 2h，加入盐调味，再炖煮 10min 即可。

（二）面饼制作

1. 和面

将酵母溶于水中，边冲入面粉边用筷子搅拌，待面粉呈碎絮状后，用手揉成较硬的光滑面团，盖上保鲜膜或湿布，静置 10min。

2. 加碱揉面

将材料表中的碱水配料搅拌均匀，将揉好的面团取出放在砧板上，用指关节蘸碱水，用力扎入面团中，反复动作，将全部碱水打入面团中，并反复揉至表面光滑。

3. 下剂

面团盖保鲜膜或湿布静置 10min，将其搓长，揪成 6 等份，每个剂子为 70～80g。

4. 擀饼

取一个剂子揉光滑，搓成直径为 1.5～2cm 的长条，再用擀面杖擀平，将擀平的长条面片从顶端卷起，卷成一个圆筒，一头压在面团的底部（这样做可以使饼有很多层次）；将圆筒垂直放在砧板上，用手按扁成一个小圆饼，将小圆饼用擀面杖擀成直径约 10cm 的圆面饼，面饼的薄厚一定要均匀；擀好后刷一层水并撒上黑芝麻。

5. 烙饼

平底锅加热或电饼铛下温升至 180℃上，下锅烙饼时不用放油，先把黑芝麻的那一面朝下放置，在没有芝麻的那一面涂上水并撒上黑芝麻，翻身烙另一面至成熟（快成熟时可以关火焖制）。

6. 夹肉

将炖好的肉捞出，拌上一点炖肉的汤汁切碎，将面饼用刀从侧面切开，把切碎的肉夹在面饼里即可。

备注：

（1）做肉夹饼的馍要用半发面，最好不要用发面，发面做好的饼在烙制的过程中饼坯遇热容易鼓起，从而影响饼的形状。

（2）用碱水揣面，烙出的面饼筋道，味道比较香。

（3）烙饼时锅内不能放油，必须是热锅放饼坯，小火慢烙，这样才能皮脆内软。吃的时候还可以按自家的喜好加入香菜或辣椒等。

七、成品特点

面饼：双面松脆、微黄，形似"铁圈虎背菊花心"，皮薄松脆，内心软绵。

卤肉：外观红润、鲜嫩，肥而不腻，瘦而不柴，酥软香醇，入口即化，美味无穷。

八、思考题

1. 卤肉的选材有何讲究？
2. 烙饼时有哪些讲究？

实验三十　芥末春卷的制作

一、实验目的

（1）学习传统面食的相关知识。

（2）学会制作春卷。

二、产品简介

春卷（图1-30）又称春饼、春盘、薄饼，是我国民间节日食用的一种传统食品，在我国有着悠久的历史，是由古代立春之日食用春盘的习俗演变而来的。春盘始于晋代，初名五辛盘。五辛盘中盛有5种辛荤的蔬菜，如小蒜、大蒜、韭、芸薹、胡荽等，是供人们在春日食用后发五脏之气用的。元代《居家必用事类全集》中出现将春饼卷裹馅料油炸后食用的记载。清代出现了春卷的名称，此时春卷不但成为民间小吃，而且成为宫廷糕点，登上大雅之堂。在清朝宫廷中的满汉全席的128种菜点中，春卷是9道主要点心之一。如今春卷流行于我国各地，在我国南方，过春节不吃饺子，吃春卷和芝麻汤圆；漳州一带清明时节也吃春卷。除供自己家食用外，春卷也常用于待客，其制作原理为：向面粉中加入少许水和盐搅拌揉捏后放在平底锅中摊烙成圆形皮子，然后将制好的馅心摊放在皮子上，将两头折起，卷成长卷下油锅炸成金黄色即可。

图1-30　芥末春卷

成都的春卷历来很有特色。它用面粉加水和少许川盐调制成湿面团，用云板锅摊成春卷皮，卷食各种凉拌菜肴或韭黄肉丝、蒜苔肉丝等炒制菜肴。各种春日的新鲜蔬菜被细嫩而绵韧的春卷皮包裹，加上芥末粉、酱油、醋、辣椒粉、熟芝麻、花生碎粒，构成别具风格的芥末味型，强烈的辛椒辣味，可使人精神为之一振。芥末有健胃、利气、祛痰、发汗散寒、消肿、止痛的作用，食后让人感到浑身通泰。蜀人在饮食上自古就有"好辛香、尚滋味"的特点，而芥末春卷恰好充分体现了这一特点，自然为成都人所喜爱，成为一方名食。

三、设备与用具

汤锅、炒锅、大勺、大漏勺、电子秤、刀具、砧板、不锈钢盆、盘子。

四、实验原料

（1）春卷皮原料：特级面粉 500g、水 400g、盐 3g。

（2）馅料：红白萝卜 250g、莴笋 250g、绿豆芽 500g、银丝粉条 500g、味精 2g、精盐 25g、酱油 25g、醋 50g、花椒粉 20g、辣椒粉 50g、芥末粉 10g、鸡丝 300g、花生仁 50g、熟芝麻 50g、绍酒 25g、胡椒粉 1g、液态猪油 50g。

五、工艺流程

制作春卷皮 → 调夹馅 → 卷裹油炸 → 装盘 → 成品

六、操作要点

（一）春卷皮

（1）面糊制作：500g 面粉中加 400g 左右的水，用搅拌器搅匀成厚面糊（各地面粉不同，需水量有变化，面糊的稀软程度很重要，以手能抓住面糊、手心向下而面糊仍能抓住不下滑为宜。面糊过稀会粘手且做不出薄皮，过厚会粘不住锅且不易操作），可以做出直径为 35cm 的面皮 15～20 个。面糊中加入 3g 盐，增加面糊的韧性，再加入半汤匙植物油，搅匀，防止摊皮时粘锅。

（2）面糊饧发：将和好的面糊盖好，放入冰箱饧发 2h 后方可使用。

（3）摊春卷皮：将平铛擦净涂上一层薄油（油不可太多，只要一薄层即可），防止粘锅。将平铛放在火上加热至 6 成热（150℃），用手蘸水从饧好的面糊中掐取 3 个鸡蛋大小的面料，放入平铛中由外至里一圈一圈地推动面料（通常是逆时针推）将面料摊成一个圆形薄饼，将多余面料用手掐出放回面盆，若有小洞，则可用手中的面糊再补上。如果洞太多，则可用叉或小刀刮平。

（4）锅中面皮，数秒钟后，外边即向内卷起，轻轻一揭，便成一张春卷皮，放在盘中备用。

（5）另取一些面粉于碗中，加入沸水烫熟呈稀面糊备用。

（二）调夹馅

将红白萝卜、莴笋切成细丝与绿豆芽过沸水焯熟，加入煮熟的银丝粉条，码盐加味精拌匀，熟鸡丝按需混拌；芥末置锅内炒干水分，研磨成粉，用开水加醋调成糊状，再加入少许菜油调匀，用容器置于热水中温成芥末酱。

（三）卷裹油炸

面皮摊平，夹入拌好的馅丝，加入一撮碎花生仁，将两头折起，卷筒后边缘抹上烫好的稀软面糊，对折，边缘捏紧，油炸温度 5～6 成，炸至金黄色捞出放入盘中，摆成图案，撒上熟芝麻，浇入酱油、醋、辣椒粉、花椒粉即成。

七、成品特点

成品皮薄酥脆、色泽金黄、馅心香软，别具风味。

八、思考题

1. 制作合格的春卷皮有哪些注意事项？
2. 不同地区还有哪些春卷的制作方法？

附例 1：大蟹春卷的制作

一、实验原料

大蟹肉 200g、春饼 4 片、芽菜 10g、菊花瓣 1g、蟹肉调料 1g、炼乳 5g、奶油 5g、盐 2g、白胡椒 2g、醋辣酱 2g、韩国辣酱 50g、蒜 3g、雪碧 8g、韩国醋 25g、白糖 12g。

二、制作过程

（1）把大蟹肉在已经放入韩国烧酒的蒸锅里蒸制 7～8min 后取出，把肉剔出，根据比例完成蟹肉调料并与蟹肉拌匀。

（2）将春饼卷成圆锥形并按比例完成醋辣酱调料。

（3）在春饼里抹上些醋辣酱调料，然后把拌好的蟹肉塞入，用芽菜和菊花瓣装饰即可。

三、成品特点

包裹在有韧性的春饼里的清甜蟹肉是这道菜的灵魂所在，芽菜和菊花瓣更是让菜品生动起来。

附例 2：普通春卷的制作

一、实验原料

春卷皮 12 张、五香豆干 200g、猪肉 150g、卷心菜 100g、胡萝卜 80g、淀粉适量、调料、食用油 500g、酱油 10g、精盐 10g。

二、制作过程

（1）五香豆干洗净，卷心菜拨开叶片、洗净，胡萝卜洗净、去皮，均切丝备用。

（2）猪肉洗净、切丝，放入碗中，加入酱油、淀粉拌匀并腌制 10min。

（3）锅中倒入适量油烧热，放入猪肉丝炒熟，盛出。

（4）用余油把其余馅料炒熟，再加入猪肉丝及精盐炒匀，最后浇入水淀粉勾薄芡即为春卷馅。

（5）把春卷皮摊平，分别包入适量的馅卷好。放入热油锅中炸至黄金色，捞出沥油即可。

备注：
春卷封口可用稀面糊，也可用蛋清。

实验三十一　黄金大饼的制作

一、实验目的

（1）掌握黄金大饼的制作方法。

（2）掌握蒸制与油炸食品的基本原理。

二、产品简介

黄金大饼（图 1-31）是我国北方地区传统的汉族小吃，其外表酥脆，内馅香甜，厚厚的金黄色大饼包裹着香甜的花生椰蓉豆沙馅，咬上一口，香到嘴里，甜到心里，老少皆喜欢。

图 1-31　黄金大饼

三、设备与用具

擀面杖、蒸笼、炒锅、大勺、大漏勺、电子秤、刀具、砧板、不锈钢盆、盘子。

四、实验原料

（一）面团原料

配方 1：低筋面粉 500g、泡打粉 5g、糖 20～25g、酵母 5g、净水 270g、盐 1～2g（天热时加，防止过度发酵）。

配方 2：中筋面粉 300g、泡打粉 3g、鸡蛋 1 个、橄榄油 25g、细砂糖

25g、盐 3g、干酵母 3g、净水 180g。

（二）馅料

配方 1：韭菜 500g、鸡蛋 100g、三明治 50g、食用油 50g、芝麻 10g、盐 10g、鸡精 10g、味精 2g、胡椒粉 2g、麻油 5g。

配方 2：切碎的鸡肉粒 450g、咖喱粉 4g、大蒜粒 15g、葱花 25g、姜末 10g、盐 5g、砂糖 8g、胡椒粉 2g、橄榄油 15g。

五、工艺流程

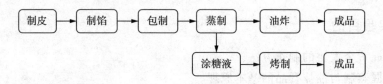

六、操作要点

（一）制皮

（1）面团调制：面粉中加入泡打粉、酵母、糖、盐、鸡蛋搅拌均匀（白糖用水化开后加入酵母搅拌均匀，待酵母活化后加入面粉中），加入水和成絮状，倒进橄榄油拌匀，再和成团并充分揉光滑（用压面机压面团更光滑）；罩上保鲜膜进行基础发酵。

（2）醒发与整形：面团发酵至两倍大时即可取出，把面团放到砧板上揉匀；然后缓饧松弛 15min；把饧好的面团用擀面杖擀开呈圆形（圆形面片的转圈稍薄些）。

（二）制馅

配方 1：锅中倒入油烧热下入蛋液炒黄，下入三明治碎炒香，倒入盘中，加入韭菜碎、葱花，先加入麻油拌匀后，再加入盐、味精、鸡精拌匀备用。

配方 2：炒锅上火注进橄榄油；下进蒜粒煸出香味；放进鸡肉粒煸炒。当鸡肉变色时下进葱花、姜末继续煸炒出香味；再放进咖喱粉煸炒出金黄色，然后用盐、砂糖、胡椒粉进行调味；炒匀后出锅晾凉备用。

（三）包制、蒸制

将两块面皮分别擀圆，厚度为 0.5～0.7cm，直径为 20cm，馅料堆于其中一块面皮上，面皮边缘抹点水并盖上另一块为皮，边缘捏紧后，再捏上麻花边，面皮上抹一层水，均匀地撒上白芝麻，可撒厚一些。生坯上蒸笼醒发后蒸熟，充分冷却备用。

（四）油炸

油温 4～5 层后下锅油炸，先将一面炸至金黄，再将另一面炸至金黄出锅装盘。

以下为黄金大饼烤制方法。

（五）涂糖液

将两块面皮分别擀圆，厚度为 0.5～0.7cm，直径为 20cm，馅料堆于其中一块面皮上，面皮边缘抹点水盖上另一块面皮，边缘捏紧后，再捏上麻花边。用麦芽糖调制一些糖水，比例为 10∶1。20min 后用毛刷把糖水涂抹在面皮上，再撒些白芝麻。

（六）烤制

炉温预热到 170℃，将大饼置入预热好的烤炉，上下火 170℃烘烤 20min 即可。

备注：

天冷时酵母用量为 5～10g/500g 面粉，天冷时用温水，水量取多；天热时用凉水，水量取少。面软发得快，筋小发得快。

七、成品特点

形态：表面金黄、圆润包面、芝麻分布均匀。

口感：外表酥脆，内馅或香甜或咸鲜，喜庆美味。

八、思考题

1. 黄金大饼的制作过程中有哪些注意事项？

2. 不同的烹制方法使得产品品质有何不同？

附例：黄金大饼的制作

一、实验原料

面团原料：面粉 300g、清水 170g、酵母 3g、泡打粉 3g、白糖 20g、奶粉 20g、盐 3g。

馅料配方：红豆沙 240g、白芝麻适量、蜂蜜适量、油适量（1 个饼的分量，约 6 寸蛋糕大小）。

二、制作过程

（一）面团调制

面粉中加入奶粉、清水、酵母、白糖、盐，揉成光滑面团；温暖处发酵 60min，擀成圆片，周围略比中间薄一些。

（二）包馅

取两块面皮，在其中一块面皮上放上红豆沙，盖上另一块面皮，边缘捏紧后，再捏上麻花边。

（三）蒸制

把面团放在油布上，面饼略擀平一些，刷上一层蜂蜜，撒上白芝麻，再用擀面杖一头略压一下，让芝麻粘牢一些。生坯上蒸笼醒发 20min 后，大火蒸制 15min，充分冷却备用。

（四）煎制

锅中放入少许底油，将饼翻入锅中，有芝麻的一面向下，先小火煎 1min 左右，翻身，再继续煎，煎至两面金黄，将饼立起来，把四周也煎一下即可。

实验三十二　羊肉烧麦的制作

一、实验目的

（1）掌握烧麦的制作方法。

（2）掌握蒸制食品的基本原理。

二、产品简介

烧麦（图 1-32）又称烧卖、稍美、肖米、稍麦、稍梅、烧梅、鬼蓬头，在日本被称为烧壳，是形容顶端蓬松如花的形状。烧麦是一种以烫面为皮裹馅上笼蒸熟的小吃，形如石榴，洁白晶莹、馅多皮薄、清香可口，兼有小笼包与锅贴的优点，民间常将其作为宴席佳肴。

图 1-32　羊肉烧麦

烧麦在我国土生土长，历史相当悠久。明末清初起源于北京，在北京、天津被称为烧麦，而后至江苏、浙江、广东、广西一带，人们把它叫作烧卖。南北方的烧麦在制作材料和做法等方面有很大差异。

三、设备与用具

蒸笼、炒锅、大勺、大漏勺、电子秤、刀具、砧板、不锈钢盆、盘子。

四、实验原料

（一）烧麦皮原料

（1）水晶皮原料：生粉（马铃薯淀粉）63g、澄粉（小麦淀粉）187g、开水 200g、盐 3g、猪油 20g。

（2）面皮原料：面粉 500g、开水 150g、凉水 150g。

（二）馅料

羊肉（瘦）500g、香菜 30g、大葱 50g、姜 15g、盐 5g、味精 3g、酱油 30g、料酒 20g、茴香粉 10g、醋 25g、胡椒粉 1g、香油 30g。

五、工艺流程

烧麦皮制作 → 调馅 → 包制 → 蒸制 → 成品

六、操作要点

（一）烧麦皮制作

1. 水晶皮制作

（1）将生粉与澄粉混合均匀，称出 100g 混合粉，加入刚刚烧开的沸水 200g，用筷子稍微搅拌一下，不必均匀；将剩余的 150g 混合粉加入其中，拌一下，将盐、猪油加入其中，开始揉面，用手将面先揉匀；用掌根以擦面的形式和面，其方式为掌根向前一点点反复擦面直至将面团充分擦均匀。

（2）制面剂：在硅胶布上将面团搓条，切成约 15g 一个的面剂，用手心压扁。

（3）擀皮：擀面杖用保鲜膜紧紧包一层，不用撒粉，擀起来也不会粘面皮。

2. 面皮制作

（1）和面：称好的面粉中加入开水，用筷子搅拌，然后加入凉水，和成光滑的面团，反复地搓揉至面团充分均匀，或用压面机压制几次；将面团放入保鲜膜或玻璃纸中饧 20min。和面加水的量以面粉为参照，约为面粉量的 45％（如 1000g 面粉加 225g 开水、225g 冷水）

（2）制面剂：面团搓条，切成约 15g 一个的面剂，用手心压扁，在面剂上多撒面粉，用面粉将面剂埋上。

（3）擀皮：擀皮是关键，选择两头尖的擀面杖更好用，一手拿皮，另一手擀皮，沿面皮边缘擀成中间厚、边缘薄，形似荷叶边状即可。

（二）调馅

1. 制作馅料

（1）将羊肉洗干净、剁成末。

（2）将香菜去根、洗净、切成末。

（3）大葱、姜分别洗净，切成细末备用。

（4）将羊肉末放入碗内，加入料酒、葱末、姜末、精盐、胡椒粉、茴香粉、酱油、味精和适量水，朝一个方向搅至水肉融合、黏稠上劲。

（5）加入香菜末和香油，拌匀，即成馅料。

2．炒馅料

锅中加入油（或猪油），加入大姜炒香，下入五花肉炒出油。放入黄酒炒至挥发（喜欢吃辣的可以放辣椒粉）；然后加入胡萝卜粒、香菇粒，加入盐、味精、鸡精、五香粉、糖、红烧酱油，加入适量的水、蚝油、胡椒粉。起锅加入糯米饭中进行搅拌，直至搅拌均匀。也可以加入葱花、生胡萝卜粒进行点缀。

3．搓馅料

将馅料搓成团状，大小适中，放入盘中待用。

（三）包制

将面取出搓成长条，开始准备下剂子。在搓揉的时候可以撒点淀粉，起到光滑的作用。擀皮擀制成中间厚、四周薄的。

（四）蒸制

烧麦皮包入适量羊肉馅，用一只手的虎口位置收口，收口不必封严实；上屉用旺火蒸 15～20min，即可蘸香醋食用。

七、成品特点

成品皮薄馅大、鲜嫩可口。

八、思考题

1．烧麦皮与饺子皮有何不同？制作时有何技巧？

2．烧麦的馅心有哪些类型？

备注：

（1）正宗的烧麦皮要用专门的擀面杖，家里一般用普通的擀面杖，可以把外边压出褶皱，像荷叶裙边的样子就可以了。

（2）包制烧麦的时候，不用收口，用拇指和食指握住烧麦皮的边，轻轻收一下就可以。

（3）蒸制之前一定要在烧麦表面喷水，因为擀烧麦皮的时候，要加许多面粉，才能压出荷叶裙边，如果不喷水，则蒸好的烧麦皮会很干。

附例 1：鲜虾烧麦的制作

一、实验原料

（1）皮料：干蒸皮 100g。

（2）馅料：瘦肉 400g、肥肉 100g、鲜虾仁 100g。

（3）调料：盐 10g、味精 15g、糖 20g、猪油 30g、麻油 10g、鸡粉适量。

二、制作过程

（一）制馅

将肥肉和瘦肉剁成蓉，搅拌均匀，加入调料调制成馅。

（二）蒸制

将干蒸皮中包入馅料，做成烧麦形，在上面放上虾仁装饰，上笼蒸 5min 即可。

三、成品特点

鲜虾烧麦为粤菜，其特点为鲜滑爽口。

附例 2：北方回族烧麦的制作

烧麦也是回民的传统风味食品。南方回族烧麦与北方回族烧麦在用料和制作方法上略有不同，北方回族烧麦一般以牛肉或羊肉为主，搭配其他佐料做馅（如大葱、萝卜）；而南方回族烧麦则以糯米为主，以牛羊肉为辅做馅。另外，在个头上也有区别，北方的小，南方的大。虽然风味有些差异，但都美味可口、百吃不厌。

一、实验原料

（1）皮料：面粉 500g、开水 150g、凉水 150g、糯米粉适量。

（2）馅料：较肥的羊肋肉 1000g、萝卜 200g、大葱 50g、酱油 10g、胡椒粉 2g、香油 10g、味精 10g、盐 15g。

二、制作过程

（一）制皮

选用优质细面粉，用温水搅拌，反复轧揉，做剂，以糯米面当补面，用擀面杖擀成很薄的饺子皮状，边缘薄，中间厚，形似荷叶边，边擀边用糯米面做面铺。

（二）制馅

（1）选用个大、水灵的萝卜，洗净切片，在锅内煮至能用手撮烂为止，用白布包好将水分挤干，剁碎。

（2）选用较肥的羊肋肉，剁碎成沫。

（3）选择白长的大葱，去皮、除叶，切成薄片。

（4）在肉馅中打上花椒水，加入萝卜、大葱、香油、盐、酱油、胡椒粉、味精等调料，搅匀备用。

（三）蒸制

将酿成的馅装在面皮内，撮成上如石榴花形、下如灯笼形的烧麦，上笼蒸 20min 即成。食用时，从烧麦上面的花口，加入适量蒜汁、清香油，味道更美。

附例 3：鸡蛋烧麦的制作

一、实验原料

鸡蛋 4 个、虾仁 200g、鸭油 150g，鸡汁、味精、淀粉、黄油、香葱末、精盐各少许。

二、制作过程

（一）制皮

将鸡蛋打开搅匀。取炒勺在小火上烧热，放入一点鸭油，并用净布轻轻擦一遍，使炒勺内均匀分布少量油。将调好的蛋汁倒一汤匙于炒勺内，在火上燎，边燎边将勺子转动，摊成圆形蛋皮。

（二）制馅

将洗净的虾仁沥干水分略剁碎，将鸭油 100g，黄酒、精盐、香葱、淀粉、味精各少许拌入虾仁内做成肉馅。

（三）包制

在蛋汁摊成圆形时，取一些虾仁肉馅放在勺内的蛋皮上，用筷子夹成烧卖形状，共制成 20 只。包制鸡蛋烧卖时要逐个做皮，逐个包，在蛋皮未成熟时包起。如果蛋皮已熟，包口就粘不起来了。

（四）蒸制

将包制好的烧麦放入蒸笼内蒸 8min 左右至熟，盛入盘内，浇上热的鸡汁即成。

三、产品特点

外表淡黄、形似烧麦、味极鲜美。

附例 4：草菇烧麦的制作

一、实验原料

(1) 主料：烧麦皮 20 张、鲜草菇 500g、猪瘦肉 250g、虾仁 150g、鸡蛋 2 个。

(2) 调料：料酒 5g、精盐 6g、胡椒粉 2g、麻油 20。

二、制作过程

（一）制馅

将草菇去杂洗净，下沸水锅焯一下，捞出沥水。将猪肉洗净，与草菇、虾仁一起剁成蓉，盛入碗内，磕入鸡蛋，加入料酒、精盐、胡椒粉、麻油，拌匀成馅。

（二）蒸制

将馅包入烧麦皮制成烧卖，上笼升火蒸 12min 即成。

三、成品特点

草菇烧麦含有丰富的营养成分，具有滋阴润燥、补肾壮阳、健脾益血的功效。它可作为虚弱羸弱、阴虚干咳、心烦失眠、肾亏阳痿症等病症患者的营养食疗菜肴。健康人食之，具有滋补强壮、增强抗病防病能力的功效。

附例 5：菊花烧麦的制作

烧麦是大众喜爱的食品之一，长沙火宫殿、玉楼东的菊花烧麦更是深受长沙人的喜爱。菊花烧麦包皮透亮，味咸椒香，顶端开口处用蛋黄点缀成菊花瓣状，更显雅致，糯米馅松软而不熟烂，粒粒可数。

一、实验原料

(1) 主料：猪肉糜 150g、虾仁 4 个、洋葱碎末 60g、水煮笋 60g、干香菇 2 个、烧麦皮 250g。

(2) 调料：酱油 3g、醋 1g、芥末 2g、盐 6g、糖 2g、香油 10g、酒 5g、

姜汁 2g。

二、制作过程

（1）干香菇用温水泡软后挤干水分，切成碎末，笋切成碎末，虾仁挑去沙肠，剁成泥。

（2）锅中加入香油，中火将洋葱碎末炒香成透明色后待其冷却。

（3）容器中加入肉糜、调料，用手揉匀。

（4）将烧麦皮切成宽 5mm 的条状。

（5）蒸盘中铺上烧麦皮的 1/3，将馅料做成丸子铺在烧麦皮上，再均匀地将另外 2/3 的烧麦皮铺在丸子上

（6）上蒸锅蒸熟（大火蒸 3min，中火蒸 8～10min），再配上酱油、醋或芥末即可。

附例 6：土豆烧麦的制作

一、实验原料

（1）主料：土豆 200g、玉米淀粉 80g、面粉 20g、鲜虾 300g。

（2）辅料：葱 2g、魔芋 20g、春笋 20g、盐 5g、料酒 1g、香油 10g、蛋清 6g。

二、制作过程

（1）土豆去皮切小块，放入凉水中泡 0.5h 后用容器沥干水分。

（2）用小锅煮熟土豆块，再 1 次用容器沥干土豆水分，趁热加入玉米淀粉和面粉。

（3）用勺子将土豆压成泥，等不烫手时，用手搅拌成面团（不用加水）。

（4）面团放在盆内，用干净的布盖上，备用。

（5）把面团分为 21 个面剂，分别粘上面粉，用小平盘子压成面皮。

（6）将虾剁碎，放入调料，顺一个方向搅打拌匀，备用。

（7）将一勺馅放在面皮里，最上面放一粒毛豆，包起来。

（8）水开后，盘子铺油纸（防粘），放入烧麦，中火蒸 12min 即可出锅。

实验三十三　梅干菜柳叶包的制作

一、实验目的

（1）掌握柳叶包的包制手法。

（2）掌握梅干菜的制馅方法。

二、产品简介

柳叶包（图 1-33）是以发面团为主料，包以不同馅料制作而成的，包制时一边收口，沿面皮两边交替向前推进捏褶子，再上笼醒发蒸熟即可。柳叶包形似柳叶，十分美观。

图 1-33　柳叶包

三、设备与用具

蒸笼、炒锅、大勺、大漏勺、电子秤、刀具、砧板、不锈钢盆、盘子。

四、实验原料

（1）面皮原料：面粉 500g、酵母 5g、水 260～280g、泡打粉 5g、白糖 20～25g、盐 1～2g（天热时加入，防止过度发酵）。

（2）馅料：梅干菜约 1000g、五花肉泥约 500g、酱油 6g、鸡汁 20g、辣椒油 2 勺、黄酒 10g、蚝油 20g、味精 20g、白糖 5g，黄酒、姜末、葱花、五香粉适量。

五、工艺流程

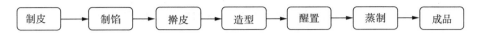

六、操作要点

（一）制皮

（1）和面：在面粉中间开窝，再取一碗温水，加入少量糖、1小勺酵母拌匀，将酵母水倒入面粉中，揉捏成光滑的面团，注意要软硬适中。

（2）饧发：面团盖上保鲜膜，进行发酵。夏天时，发酵时间为1h左右，但是如果天气比较冷，就要2～3h或者更长时间。可以将烤盘上放入热水，然后放入烤箱，将烤架搁置在烤盘上，先将烤箱预热到170℃，2～3min关闭，后将盛有面团的盆放在烤架上，关上烤箱门，进行发酵40min左右即可。

（二）制馅

将锅小火烧热，下猪油炒均匀，加入猪肉泥翻炒，小火，炒至出油，此过程约5～10min；加入黄酒、姜末，多放些葱花，五香粉稍多，继续小火慢炒；加入梅干菜炒均匀后，加入老抽、蚝油、鸡汁（若加，则不放鸡精）、辣椒油、味精2勺、白糖1勺，充分翻炒均匀后，加入开水盖过梅干菜，火不变继续烧。梅干菜吸油，中途油润度不够的话可再加入适量的猪油炒均匀，盐味不够的话可适当加盐。梅干菜宜烧久一点（30min），烧制过程中应时常翻动，以防煳底。

（三）擀皮

将发酵好的面团放在砧板上排气、搓条后切成等量的面剂，再将面剂按扁，擀成四周略薄、中间略厚的面皮。

（四）造型

取适量馅料放在面皮中央，对折，将馅心压实，将一边面皮塞进去，再用食指与大拇指左一个右一个地向中间交替捏褶子直至收口，做成柳叶包生胚。

（五）醒置

将柳叶包生胚置于蒸笼中，放入的时候要将包子之间留有一定的空隙，然后再次发酵，时间为25～30min。

（六）蒸制

将蒸笼置于锅上，开火，水烧开后计时，大火蒸5min后，调为中小火，蒸3min后，关火闷5min即成。蒸笼每增加1层，蒸制时间延长2min。

七、成品特点

成品形似柳叶、形态饱满、褶皱均匀、皮薄馅大，松软可口。

八、思考题

1. 制作柳叶包时有何技巧？
2. 柳叶包的馅心有哪些类型？

实验三十四　油条的制作

一、实验目的

(1) 掌握油条的制作方法。
(2) 理解油条蓬松的基本原理。

二、产品简介

油条（图 1-34）是一种古老的长条形中空的油炸中式面食，口感松脆有韧劲，是我国传统的早点之一。北魏农学家贾思勰所著的《齐民要术》中就记录了油炸食品的制作方法。油条是南宋以后对油炸面食的又一创新。油条的叫法各地不一，东北和华北很多地区称之为"馃子"；安徽一些地区称之为"油果子"；广州及周边地区称之为"油炸鬼"；潮汕地区等地称之为"油炸果"；浙江地区称之为"天罗筋"。

图 1-34　油条

油条是以面粉为主要原料，加入适量的水、食盐、添加剂，进行揉和，再加入适量纯碱、食盐经拌合、捣、揣、醒发，然后切成厚 1cm、长 10cm 左右的条状物，把每两条面块上下叠好，用窄木条在中间压一下，旋转后拉长放入热油锅里炸，使膨胀成一根松、脆、黄、香的条形食品。

面团醒置过程中，产生二氧化碳气体，还会产生一些有机酸类，二氧化碳气体使面团产生许多小孔并膨胀起来；有机酸会使面团有酸味，加入纯碱可以把多余的有机酸中和掉，并能产生二氧化碳气体，使面团进一步膨胀，使炸出的油条更加疏松。当油条进入油锅时，发泡剂受热产生气体，由于油的温度很高，油条表面立刻硬化，影响了油条继续膨胀。于是炸制油条时采用每两条面块上下叠好，用竹筷在中间压一下的方案，两条面块之间的水蒸气和发泡气体不断溢出，热油不能接触到两条面块的结合部，使结合部的面块处于柔软的糊精状态，可不断膨胀，油条也就愈来愈蓬松。

油条炸得松、脆、黄、香，其制作要领是：每两条面块上下叠好，用竹筷在中间压一下，不能压得太紧，以免两条面块粘连在一起，两条面块的边缘绝对不能粘连；也不能压得太轻，要保证油条在炸的时候两条不分离。旋转就是为了保证上述要求，同时在炸的过程中，容易翻动。双手轻捏两头时，应将两头的中间轻轻捏紧，在炸的时候两头也不能分离。

三、设备与用具

炒锅、大勺、长筷子、电子秤、刀具、砧板、不锈钢盆、盘子。

四、实验原料

面粉 1000g、泡打粉 18～20g、改良剂 8～10g、小苏打 6～8g、食用臭粉 6～8g、盐 20～24g、鸡蛋 2 个、白糖 30～34g、色拉油 40～60g、水 500～580g、炸油 4～5kg。

五、工艺流程

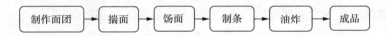

制作面团 → 揣面 → 饧面 → 制条 → 油炸 → 成品

六、操作要点

（一）制作面团

将各原料称好，水中放入食用臭粉，其余原料混合均匀后，加水快速搅拌均匀。

（二）揣面

两手握拳，垂直向下不断揣面，揣面面积变大时，将面团叠对折，继续揣。手沾面揣 2 遍后，手沾油再揣，揣面面积变大时，将面团铲起对叠。桌面抹油，手抹油，继续揣至面团非常柔软，有韧性及弹性，有气泡出现则表示面团已揣透，即可结束揣面过程，一般 5min 左右。此后面团加入面粉揣，对叠几次揣均匀，叠成长方形，表面可见大的气泡，放入保鲜盒，表面拍一层油，盖上保鲜膜压平不漏气，加盖松弛（若有搅拌机，则可用搅拌机搅面，以省去手揣步骤）。

（三）饧面

揣面结束后静置 20min 再揉成光滑的面团，然后盖上保鲜膜饧发 3～6h，冬天饧发时间长，夏天饧发时间短。

（四）制条

将饧发好的面团放在撒了干面粉的砧板上，擀成长方形，切成 2cm 左右宽的条状，用手将长条拉长，两条叠在一起，用筷子在中间按压出凹槽。

（五）油炸

将锅烧热，倒入多一点的油，油温烧至八九成热时，下入油条炸至浮起、颜色金黄即可。

七、成品特点

形态：色泽金黄、形态饱满膨大。
口感：香、酥、脆、有韧性。

八、思考题

1. 能使油条炸得松、脆、黄、香的制作要领是什么？
2. 充分揣面有什么作用？

实验三十五　南瓜饼的制作

一、实验目的

(1) 掌握南瓜饼的制作方法。

(2) 掌握不同油炸食品在炸制过程中对油温的变化要求。

二、产品简介

南瓜饼（图1-35）是一道传统菜式，以南瓜、糯米粉、白糖等为主要原料，将南瓜制成泥与糯米粉、白糖等揉制成团，下剂制成南瓜饼胚，油炸至金黄色即可。南瓜饼在不同地方的制作方法多有不同，因其成品酥软甜糯、香味醇厚、润肺健脾、镇咳化痰、营养丰富而备受喜爱。

图1-35　南瓜饼

三、设备与用具

炒锅、大勺、长筷子、电子秤、刀具、砧板、不锈钢盆、盘子。

四、实验原料

糯米粉、泡打粉2～3g、南瓜泥100g、白糖50g、烫面（小麦淀粉）300g、面包糠适量。

五、工艺流程

南瓜制泥 → 和面 → 制坯 → 油炸 → 成品

六、操作要点

（一）南瓜制泥

南瓜去皮洗净，切成小块放入碗中，上蒸锅蒸熟，取出蒸熟的南瓜，趁热时压成泥，加入白糖搅拌至溶化。

（二）和面

糯米粉中加入泡打粉，搅拌均匀，中间开窝，倒入南瓜泥，把糯米粉慢慢抓入其中，揉制成柔软均匀的面团，将烫面（约占面团的 1/10）揪成小剂子，加入南瓜面团揉均匀。

（三）制坯

将面团搓成光滑长条，分割成每个面剂子约 30g，手心蘸水再次搓揉后放入面包糠中。南瓜饼宽度约 4cm，厚度 1cm，粘好均匀的面包糠后拍扁待用。

（四）油炸

锅中放油，待油温达到 3～4 层（90～100℃）时，将南瓜饼从锅边滑下去，下锅后轻轻晃锅，防止南瓜饼粘锅底，此时先不要着急升油温，使油温养着南瓜饼。几分钟后南瓜稍硬，轻轻用勺背推动一下，炸至南瓜饼慢慢胀鼓后浮于油面时，再将油温慢慢地升至 4～5 层（120～150℃），不停地用勺子搅动，并把锅中的油浇在南瓜饼上，将南瓜饼炸定型，同时上色，即可出锅。起锅后南瓜饼摆盘散开散温，每个南瓜饼的重量为 30g。

七、成品特点

成品色泽金黄、圆润鼓胀、酥软甜糯、香味醇厚、润肺健脾、镇咳化痰。

八、思考题

1. 制作南瓜饼时加入烫面有何作用？
2. 油炸南瓜饼如何控制油温？

附例：南瓜饼的制作

一、实验原料

（1）主料：糯米粉 100g、澄粉 50g、南瓜 100g。

（2）辅料：红豆沙 150g、白芝麻 80g、黄油 10g、白砂糖 20g。

二、制作过程

（一）南瓜泥制作

南瓜去皮洗净，切成小块放入碗中，放进微波炉高火 5min（用蒸锅蒸熟也可以），取出蒸熟的南瓜，趁热时压成泥，加入黄油和白砂糖搅拌至溶化。

（二）面团制作

加入过筛的糯米粉和澄粉，揉成光滑的面团放置一旁待用。南瓜出水非常多，揉面团时不用加水，要根据水分的多少加入相应的糯米粉。面团尽量湿软一点，否则包豆沙馅的时候会开裂。

（三）包馅制胚

将红豆沙搓成小球状待用；等面团晾凉后，取一小团南瓜糯米粉，搓成球状后再捏成圆形小窝，放入豆沙馅后像包汤圆一样收紧口再搓成圆球状；再将圆球状的饼压扁，在其两面都粘上白芝麻，再用手将白芝麻压紧。

（四）煎制

预热好的电饼铛下盘刷上玉米油，将南瓜饼坯一一排入盘中后再翻一面。将两面均匀地抹上油，盖上盖，启动功能键中的葱油饼键，3min 后南瓜饼即可煎好。此时的南瓜饼很糯、很软，非常可口。

备注：

（1）无论是做南瓜饼还是做番薯饼，都一定要趁热压成泥，热时加入白糖和黄油，这样可以充分将其溶化。

（2）在原料中掺加澄粉，这样制作出来的成品才能呈现亮色。

（3）煎制南瓜饼的时候温度一定要控制好，若用电饼铛煎，则用小火最合适，3min时间足够让南瓜饼内外全熟透。

实验三十六　眉毛酥的制作

一、实验目的

（1）掌握眉毛酥的制作方法。

（2）掌握包酥的基本方法。

二、产品简介

眉毛酥（图1-36）是一道四川省宜宾市叙州区的特色传统名点，属于苏式糕点，特点为形似眉毛、层次分明、口感油润酥脆。眉毛酥是以面粉、熟大油（猪油）、豆沙、植物油等为原料制作水油面团、油酥面团后进行包酥、擀制、包馅、油炸制作而成的美味点心。

图1-36　眉毛酥

三、设备与用具

炒锅、油炸网、擀面杖、大勺、长筷子、电子秤、刀具、砧板、不锈钢盆、盘子。

四、实验原料

精白面粉1800g、豆沙500g（莲蓉、枣泥均可）、熟大油900g（实耗约300g）、凉水200g、植物油少许。（可制作眉毛酥26个。）

五、工艺流程

水油面团制作 → 油酥面团调制 → 包酥 → 包馅 → 油炸 → 成品

六、操作要点

（一）豆沙制作

将红小豆洗净、下锅，放入凉水和少许碱煮烂，用绷筛将豆皮擦去，把豆沙泥用布袋装起挤去水分。将豆沙泥和白糖放入碗内，先用植物油滑一下，以免粘锅，然后用小火熬干水分，加入桂花炒匀后取出，凉透备用。

（二）皮胚制作

方法 1：

（1）水油面团制作：将面粉 600g 置于砧板上，中间开小窝，放入 140g 熟大油、200g 凉水拌和、揉软，揉至不粘手、不粘砧板即成水油面团。

（2）油酥面团制作：面粉 400g 加入猪油 200g 充分擦匀制成油酥面团。

（3）包酥：将水油面团压扁、擀圆后包入油酥面团，收口朝上，揿扁后用擀面杖擀成厚 0.3cm 的长形面皮，折叠成 3 层再擀开，按此法再擀一次，最后擀成厚 0.3cm，长 20cm 的长形面皮，从一头由外向里卷起，收尾处用蛋清粘一下，轻轻地搓一下，用刀切成 28g 一份，即成皮胚。

方法 2：

（1）用片状猪油 150g（或约为面粉的 1/2 重量代替油酥面团制作），将其擀薄。

（2）水油面团制作：面粉 300g、猪油 300g、水 150～160g，炒拌均匀（温水和面后饧发）。

（3）包酥：水油面团擀薄至油酥面团的两倍长，包入油酥面团（片状猪油），然后把油酥面团对折，折成正方形的 3 个边进行包边式的折叠。折叠前一定要把里面的空气排出，第一次包好的面片用力擀薄（最好擀为长方形），裁去边缘后折 3 折，再擀长，再折 3 折（此时包进行 2 次 3 折），然后擀为长方形，上面刷上一层薄薄的蛋清，以卷花卷的方式向里侧卷，卷好后，包上保鲜膜，静置粘连一会儿。切横切面（呈圆形），制成皮胚，可用于制作眉毛酥、大救驾等（也可切后叠放成多层次，切片做其他造型）。

（三）包馅

把面团从保鲜膜中取出，切成圆形小节，然后擀成薄皮（直径约 7cm），把莲蓉或者豆沙搓成一头大、一头小的水滴状，左手托起面皮，右手将馅刮入面皮中，对折为半圆形，一只角塞进一部分，将边捏紧，手指尖推折出麻花式的花边，即成眉毛酥生胚。

（四）油炸

炒勺上火将熟大油烧至 4～5 成热时，把眉毛酥生胚下入，汆至浮起，待酥起花时，油温控制在 120℃ 慢慢炸至成熟，即成眉毛酥（须保持白色）。

七、成品特点

成品色泽乳白、圆润鼓胀、形似眉毛、图案别致、口味多样、松酥可口。

八、思考题

1. 为保证产品质量，包酥后擀皮（开酥）的过程中有哪些注意事项？
2. 眉毛酥油炸时为何控制低温油炸？

实验三十七 佛手酥的制作

一、实验目的

（1）掌握佛手酥的制作方法。

（2）熟悉津味小八件的基本制作方法。

二、产品简介

佛手酥（图1-37）寓意佛缘善果，佛与福谐音，佛手就是福手，取其美意寄托祝福。佛手酥是传统中式点心津味小八件之一。津味小八件包括荷苞酥、梅花酥、佛手酥、芝麻酥、喜字饼、寿字饼、寿桃饼、莲叶饼。佛手酥是以面粉、玉米油、豆沙、莲蓉、山楂等为原料制作水油面团、油酥面团后进行包酥、开酥、包馅、焙烤制作而成的美味点心。用玉米油替代白油开酥，既营养健康，又解决了高油、高热量的问题。佛手酥形似佛手，层次分明，口感酸甜适口，香醇回甘。

图1-37 佛手酥

三、设备与用具

电烤箱、擀面杖、硅胶垫、电子秤、刀具、砧板、不锈钢盆、盘子若干。

四、实验原料

（1）水油面团原料：中筋面粉 218g、白糖 20g、水 75g、玉米油 68g。

（2）油酥面团原料：低筋面粉 190g、玉米油 75g。

（3）馅料：山楂、莲蓉、豆沙均可，每个馅芯重量大约 20g，团成圆球待用，红曲食用色素适量。

（采用以上原料可制作佛手酥 16 个。）

五、工艺流程

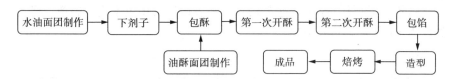

六、操作要点

（一）水油面团制作

取中筋面粉、糖、水和玉米油，和成面团充分擦匀，放在盆中，盖上保鲜膜醒置 20min 备用。

（二）油酥面团制作

取低筋面粉、玉米油，和成面团，放在盆中，盖上保鲜膜醒置 20min 备用。

（三）下剂子

将醒置好的水油面团平均分成 16 份，将油酥面团也平均分成 16 份。分好后要盖上保鲜膜，防止表皮变干。

（四）包酥

取一块水油面剂，按成薄片，将油酥包在其中，包好后收拢尾部，稍做整理，使用此法包好全部面剂。

（五）第一次开酥

取一个包好的面剂，擀成牛舌状的面皮。将面皮从上向下卷，卷成小棒卷得尽量紧实些。使用此法卷好全部小棒，卷好后要盖上保鲜膜，松弛 10min。

（六）第二次开酥

取一个小棒，把有接口的一面向上，纵向放在面板上。继续擀成牛舌状面皮，这次擀得要稍长一些。将面皮从上向下卷，卷成小棒，卷得尽量紧实些。使用此法卷好全部小棒，卷好后要盖上保鲜膜，继续松弛 10min。

（七）包馅

取一个小棒按扁，把有接口的一面向上，将两端向中间裹，裹成一个圆球面剂。按扁面剂，擀成周围稍薄、中间稍厚的面皮，把馅料放在面皮中心，包好。

（八）造型

包好后，收拢尾部，稍做整理。捏成一头宽、一头尖的水滴状。尖头要厚，宽头要略按扁一些。在宽头的这一端用小刀在 2/3 处压扁，1/3 处不变，割出细且整齐的刀纹。将宽头一侧的边缘向下卷，整理成佛手的形状。

（九）焙烤

烤箱上下预热 180℃。包好的点心在表面用食用色素进行装饰，烤箱上下温度为 180℃，20min 出炉。

备注：

（1）馅料是买来的，甜度高，故实验中糖的用量不多，口感适中，可以根据个人的喜好增加糖的用量。

（2）每种面粉的吃水量不同，须根据面粉情况增减水的用量。

（3）根据不同烤箱实际情况设置温度及烤制时间。

（4）此配方包入馅料后根据造型不同可做齐津味小八件。如果做单款小点心，则可以做出 16 个；如果想做齐津味小八件，则每款可做出 2 个。可根据需要的数量增减用料。

七、成品特点

成品色泽金黄、形似佛手、图案别致、口感酸甜适口、香醇回甘。

八、思考题

为保证产品质量，开酥的过程中有哪些注意事项？

实验三十八　糍糕的制作

一、实验目的

（1）掌握糍糕的制作方法。

（2）熟悉各种糯米制品的种类及制作的基本方法。

二、产品简介

糍糕（图 1-38）也叫粢饭糕或糍粑，是长江中下游地区和江淮地区的传统点心。立秋吃糍糕这项习俗既是庆祝丰收，又可以强身补中气，糍糕又是凝聚、团圆的象征。糍糕是以糯米、大米、白糖、芝麻、花生碎等为原料，糯米、大米经浸泡、蒸煮、调味、搅拌、压实、切块、油炸等过程制作而成的食品，色泽金黄、外皮香脆、内部黏糯可口，广受欢迎。

图 1-38　糍糕

三、设备与用具

炒锅、托盘、擀面杖、电子秤、刀具、砧板、不锈钢盆、盘子若干、筷子。

四、实验原料

配方 1：糯米 150g、大米 300g、精盐 8g、花生油 200g、炸油适量。

配方 2：糯米饭 500g、姜粒 10g、盐 10g、麻辣鲜 5g、味精 10g、蛋液

20g、面包糠适量、炸油 2000g。

五、工艺流程

六、操作要点

（一）原料浸泡

将糯米、大米淘洗干净，糯米浸泡 4h，大米浸泡 0.5h，沥干水分备用。

（二）煮制

将锅内倒入水，放入精盐，烧沸后倒入糯米、大米烧煮，待煮沸后，用铁铲不断翻动，烧煮 8～10min，至米粒膨胀、水分快干时，用小火焖煮十多分钟至饭熟。

（三）制坯

饭熟加入各种调料，用擀面杖趁热搅拌，搅拌越充分，成品的口感越黏糯。

搅拌后倒入木框（饭盒、托盘均可）内（框底垫拧干的湿布，框边涂少许花生油），加盖清洁的湿布，双手均匀用力将其按压平整，去掉盖布，翻扣在洁净的砧板上，拆开框架，自然冷却。冷却后盖上盖子。夏天将其放入冰箱（冬天不用）过夜后取出，切成烟盒大小，即成糍饭糕坯。

（四）油炸

锅内倒入花生油，烧至 8 成热时放入糕坯小块，用小火浸炸，边炸边翻动，炸 5min 左右，至表面发挺、呈金黄色即可食用。也可以先炸半熟，放入冰箱，到想吃时拿出来再炸。

备注：

（1）大米和糯米的具体数量可按需取，只要按照糯米：大米＝1：2 的比例就好。

（2）米饭装入保鲜盒前，可以在盒壁四周涂抹一层油，方便取出。

（3）压入盒的时候一定要用力压紧实，这样切片时才不容易散。

七、成品特点

成品色泽金黄、外皮香脆、内部黏糯可口。

八、思考题

1. 制坯时为什么要用擀面杖充分搅拌或捣匀？

2. 糯米与大米的比例不同对成品品质有何影响？

附例 1：发糕的制作（一）

发糕是以糯米为主要材料制成的传统美食，是一种大众化的饼类食物，广泛分布于北方与南方广大地区。其味清香、营养丰富，尤其适合老年人、儿童食用。

其中，龙游发糕为非物质文化遗产项目，制作工艺独特。另外，如岳阳、惠州等地的发糕也各具特点。发糕的配料考究，成品色泽洁白如玉，孔细似针，闻之鲜香扑鼻，食之甜而不腻、糯而不粘。它最大的特色是在制作过程中加入了适量的糯米酒。

一、实验原料

玉米面 150g、小米面 50g、普通面粉 200g、干红枣 20 个、葡萄干 20g、白糖 40g、干酵母 5g、水约 280g。

二、制作过程

（一）材料准备

干红枣洗净后用温水浸泡 1h，葡萄干洗净。

（二）面坯制作

将玉米面、小米面、面粉与白糖、干酵母混合均匀，倒入水，调成稀稠适中的面糊。

（三）醒发

在模具内涂一层薄薄的油，放上一些葡萄干，将面糊倒入模具内一半高，放在温暖处发酵，约 40min，面糊发至模具 9 成满。

（四）蒸制

表面再放上一些红枣和葡萄干，放入蒸锅大火蒸 35～40min。

备注：

（1）调成的面糊要稀稠适中。夏天可用凉水，其他季节要用 40℃以下的温水。

（2）小米面可以不放，也可换成等量的玉米面或普通面粉。

（3）杂粮的总量不能超过普通面粉，最多为 1：1 的比例，否则会影响发酵，口感也会粗糙。

（4）不用模具的话，放入蒸笼中蒸最好，事先在笼内放好屉布，将调好的面糊倒进去，发酵好后直接蒸。

（5）面糊调好后要放入蒸制的容器内再进行发酵，不能发酵好后再换容器。

（6）蒸的时间要根据容器大小进行调整，蒸的过程中不能开盖。

三、成品特点

成品色泽淡黄、切面组织蓬松细腻、内部黏软可口。

四、思考题

1. 制作面坯时对水的添加量有何要求？
2. 主料与杂粮的比例不同对成品品质有何影响？

附例 2：发糕的制作（二）

一、实验原料

面粉 700g、酵母 9g、白糖 60g、南瓜泥 500～550g、泡打粉 5g，青红丝、桂圆干、胡萝卜料、葡萄干、小红枣适量。

二、制作过程

1. 面团制作

将面粉与泡打粉搅拌均匀，酵母、白糖、南瓜泥化开，倒入面粉中搅拌均匀揉成团，揉成两个长条。

2. 辅料准备

将青红丝、桂圆干、胡萝卜切粒，葡萄干、小红枣备用。

3. 醒发

把揉好的长条放入蒸笼里，表面抹上水，放入葡萄干、桂圆干、青红丝、胡萝卜粒、小红枣、瓜子仁，色泽搭配好，静置 1h。

4. 蒸制

将蒸笼放入蒸锅，大火蒸 15～20min。

实验三十九　辣糊汤的制作

一、实验目的

（1）掌握辣糊汤的制作方法。

（2）熟悉不同汤类勾芡时淀粉的选择及勾芡的基本方法。

二、产品简介

辣糊汤（图1-39）是别具风味的小吃，又称"胡辣汤"或"糊辣汤"，已有百年历史。它精烹细作、味道鲜美、经济实惠、方便群众，遍及大街小巷，其中最为著名的要数河南风味和西安回民风味。辣糊汤也叫八珍汤，这说明辣糊汤配料丰富，最常见的有面筋、海带丝、粉丝、千张丝、花生米、香菜、姜末、榨菜、胡椒粉等，根据节令和地域的不同，还会有牛（羊）肉、黄豆、木耳、黄花菜、菠菜、萝卜条、葱花等。

图1-39　辣糊汤

辣糊汤一般分为两种，一种是河南辣糊汤，也有也被称为肉丁辣糊汤；另一种是西安当地回民做的，被称为肉丸辣糊汤。河南辣糊汤是河南三大地方名吃之一，以道遥镇的风味最为正宗，其汤鲜、香辣开胃、风味独特。辣糊汤从明朝嘉靖年间至今已有六百余年的历史，它不仅味美价廉，还具有消食开胃、化痰止咳、祛风祛寒、活血化瘀、清热解毒、行气解痉、祛虫滞泄、利尿通淋、除湿疹、祛搔痒等功效，深受当地人们的喜爱和欢迎。

三、设备与用具

汤锅、托盘、擀面杖、电子秤、刀具、砧板、不锈钢盆、盘子若干、筷子。

四、实验原料

熟羊肉 1600g、羊肉鲜汤 10kg、面粉 1500g、粉皮（或粉条）500g、海带100g、油炸豆腐 150g、菠菜 250g、胡椒粉 15g、五香粉 8g、鲜姜 20g、盐10g、香醋 500g、芝麻油 150g。（可制作 30 碗）。

五、工艺流程

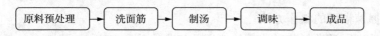

六、操作要点

（一）原料预处理

熟羊肉切成小骰子丁，粉皮泡软后切成丝，海带泡发后洗净切成丝。用开水煮熟淘去黏液，再用清水浸泡。油炸豆腐切成丝，菠菜拣去黄叶、削根、洗净，切成长约 2cm 的段。鲜姜洗净，切成或剁成米粒状。

（二）洗面筋

将面粉放入盆内，用清水约 1L 调制成软面团，将面团揉上劲，饧几分钟，再揉上劲，兑入清水轻轻压揉至面水呈稠状时换上清水再洗。如此反复几次，直到将面团中的淀粉全部洗出，再将面筋用手拢在一起取出，浸泡在清水盆内。

（三）制汤

锅内加水约 5kg，加入羊肉鲜汤，再依次放入粉皮丝、海带丝、油炸豆腐丝和盐，用大火烧沸，然后添些凉水使汤呈微沸状。将面筋拿起，双手抖成大薄片，慢慢地在盆内涮成面筋穗（大片的面筋用擀面杖搅散）。锅内烧沸后，将洗面筋沉淀的面芡（将上面的清水沥去）搅成稀糊，徐徐勾入锅内，边勾边用擀面杖搅动，待其稀稠均匀，放入五香粉、胡椒粉搅匀，再撒入菠菜，汤烧开后即成。食用时淋入香醋、芝麻油。

备注：
（1）可以将羊肉换成鸡肉丁、母鸡或鸡架，也可用黄鳝肉丝、鳝鱼煮汤。
（2）可以将油炸豆腐丝换成千张丝。
（3）辣糊汤适宜早餐配合其他早点食用，如油条、烧饼、面包等。

七、成品特点

成品汤汁鲜美、香辣开胃、风味独特、营养丰富、味美价廉。

八、思考题

1. 制汤时还可以选用哪些原料？
2. 制作面筋过程中有哪些注意事项？

附例：普通辣糊汤的制作

一、实验原料

（1）主料：鸡架、鸡脯肉、淀粉（山芋淀粉、豌豆淀粉、藕淀粉）。

（2）辅料：大葱、薏仁或小麦仁、海带丝、木耳丝、千张丝、猪油、鸡蛋。

（3）调料：盐、糖、鸡精、味精、麻油、香菜、花生碎、熟芝麻、胡椒粉（可放可不放）、辣椒粉或辣椒油、色拉油。

二、制作过程

（一）制汤

将鸡架、鸡脯肉、大葱、薏仁放于布袋中，加入足量水煮制，没有薏仁的可用小麦仁代替（成本考虑），加入海带丝、千张丝，以用勺搅拌时每勺中都能舀到海带丝与千张丝为准（加入 5～6kg 即可），加入少量猪油。

（二）调味

可放入盐、味精、鸡精（胡椒粉放入碗中可去海带腥味），根据个人口味酌情添加。

（三）勾芡

将制好的汤大火烧开，撇去浮沫，湿淀粉调得稠一些（超级生粉），边倒边搅拌，勺子拿起，汤中鸡丝、木耳丝等浮起来即可停止勾芡。湿淀粉最好用透明的，玉米淀粉勾出来的汤泛白，故不选用。

（六）打蛋

汤的温度至少保持为 90℃，食用时，将汤从鸡蛋液中间冲下去，撒上胡椒粉、花生碎（炒熟）、香菜、葱花、麻油。

备注：

黑胡椒是败落的种子，加工出来是黑色的；白胡椒是成熟的种子，加工出来味道更重些。

实验四十　荷花酥的制作

一、实验目的

(1) 掌握荷花酥的制作方法。

(2) 熟悉荷花酥的制作特点。

二、产品简介

荷花酥（图 1-40）是浙江杭州著名的传统小吃。"出淤泥而不染"是人们对荷花高洁雅丽品质的赞誉。由油酥面制成的荷花酥，形似荷花，酥层清晰，观之形美动人，食之酥松香甜，别有风味。荷花酥是宴席上常见的一种花式中点，给人以美的享受。

图 1-40　荷花酥

三、设备与用具

烤箱、量勺、电子秤、烤盘、橡皮刮刀、塑料刮板、小碗若干、擀面杖、烤盘垫纸、面粉筛、小刀、保鲜膜。

四、实验原料

(1) 油皮原料：水 300g、猪油 150g、糖粉 60g、中筋面粉 700g。

(2) 油酥原料：低面粉 600g、猪油 300g。

(3) 馅料原料：糖粉 200g、椰蓉 350g、奶粉 100g、黄油 160g、鸡蛋 160g。

五、工艺流程

六、操作要点

（一）油皮制作

将糖粉、水、猪油倒入中筋面粉中，用手揉匀成团，放到台面上揉至扩展状态，盖上保鲜膜松弛 20min，均匀等分（每份约 2g）。

（二）酥皮制作

将猪油倒入低筋面粉中，用手均匀揉搓成团，放入冰箱冷藏 10min，均匀等分（每份 1.5g）。

（三）馅料制作

将黄油融化，倒入糖粉、奶粉、鸡蛋、椰蓉搅拌均匀，放入冰箱冷藏 15min，均匀等分（每份 4g）。

（四）包酥、开酥

将均匀等分好的酥皮包在油皮中，用擀面杖将其擀成牛舌状卷起来，盖上保鲜膜松弛 15min，反复 1～2 次。

（五）造型

将醒发好的酥皮捏住两头朝中间压，用擀面杖擀平，包入椰蓉馅封口，用锋利的刀片在酥皮上划米字口（切口深度需看到内馅）。

（六）烘烤

烤箱预热后，170℃上下火烤 25～30min。

备注：

（1）油皮一定要选用中筋面粉，不能用高筋面粉，防止产生大量面筋网格，影响塑形。

（2）油皮材料需要充分混合，在台面上需要用手掌反复碾压直到揉成扩展状态，用手能撕成薄膜。

（3）酥皮和馅料制作好后一定要在冰箱冷藏，防止沾手且容易揉团。

（4）擀皮时要反复几次，擀完皮后一定要醒发一会儿，那样千层起酥的效果会更好。

（5）造型越小越精致，但也越难。所以面皮可以擀薄一点，馅料要硬一点，比皮料克数可以多一点，那样更容易将馅料包起来，而且整体看起来比较饱满。

（6）划线的刀要锋利一点，慢慢划线，切口深度要能看到馅料，根据造型划线，开口不要太大。烤制时间也要随大小改变，注意不要烤煳。

八、成品鉴定

形态：形似荷花，完整、无缺损，酥层清晰。

色泽：色泽亮丽、优美，表面均匀一致，无烤焦、发白现象。

气味：荷花芳香风味，无异味。

口感：酥脆可口，不粘牙、不牙碜，无异味，无未溶化的糖粗粒。

组织：层次多而均匀、细腻，纹理清晰。

九、思考题

开酥主要有哪些注意事项？

实验四十一　鸭血粉丝汤的制作

一、实验目的

（1）掌握鸭血粉丝汤的制作方法。

（2）熟悉鸭血粉丝汤对制作原料的要求。

二、产品简介

南京自古盛行以鸭制肴，其鸭肴已有 1400 多年的历史，有"金陵鸭肴甲天下"之美誉。鸭血汤是鸭血粉丝汤（图 1-41）的雏形，鸭血粉丝汤由鸭血、鸭肠、鸭肝等加入鸭汤和粉丝制成，以其口味平和、鲜香爽滑的特点，以及南北皆宜的口味特色，风靡于全国各地。鸭血粉丝汤为迎合各地饮食特色进行改良，各地略有不同，但无论是鸭汤的烹制，还是鸭血、鸭肝与鸭肠的制作，主要采用的是传统制作金陵盐水鸭的方法，是金陵菜中的重要代表。

图 1-41　鸭血粉丝汤

三、设备与用具

汤锅、托盘、电子秤、刀具、砧板、不锈钢盆、盘子若干、筷子。

四、实验原料

（1）主料：鸭骨架 1 副、鸭血 200g、粉丝 100g、鸭肝 50g、鸭肠 50g、鸭心 50g、鸭胗 50g。

（2）辅料：姜片 5 片、香菜 10g、姜蓉 10g、葱花 10g。

（3）调料：盐 6g、鸡精 6g、白胡椒粉 2g、香油 10g、辣椒红油 5g、卤包 1 个。

五、工艺流程

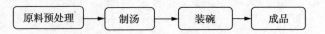

原料预处理 → 制汤 → 装碗 → 成品

六、操作要点

（一）原料预处理

（1）先用冷水加姜片，将鸭内脏放入汆烫去血水，另用卤水小火卤约 1h。

（2）锅内烧开水后，将鸭血放入，煮至沸腾时捞起。

（3）另起一锅开水，将泡软的粉丝煮至发软。

（二）制汤

先用冷水将鸭骨架汆烫去血水，再用冷水放入姜片大火煮开后，小火煲 1h 制成高汤。

（三）装碗

将粉丝放入碗内，锅内烧开鸭骨汤，放入鸭血煮至沸腾时，连汤一起放入碗内，再放入所有调味料及香菜、姜蓉、切片的卤鸭内脏即可。

七、成品特点

汤汁鲜美、口味平和、鲜香爽滑、营养丰富、味美价廉。

八、思考题

1. 制汤还可以选用哪些原料？
2. 南京以鸭为特色的美食包括哪些？

附例：鸭血粉丝汤的制作

一、实验原料

（1）主料：鸭子半只、粉丝适量、鸭肠 80g、鸭心 80g、鸭血 80g、鸭胗 80g、花椒十几粒。

（2）辅料：香菜 2 根、老姜 5 片、黄芪 3 片、甘草 2 片、当归 6 片、沙参 1 段、盐 2 勺。

二、制作过程

（一）制汤

（1）鸭子半只，剁大块后放入开水里煮 2～3min 后捞出。（鸭皮脂肉厚、脂肪多，为了汤更清淡些，可以将鸭皮和脂肪全部片下来。）

（2）准备老姜 5 片、黄芪 3 片、甘草 2 片、当归 6 片、沙参 1 段。

（3）将砂锅中放入冷水，再放入鸭块和煲汤料。大火烧开后改小火煲 2h，出锅前 30min 加入 2 勺盐。（煲汤的砂锅最好选用一个圆肚形的大砂锅，煲汤时加满水，约 4kg，煲汤过程中水分会蒸发掉约 1/3。）

（二）主料准备

准备好鸭胗 80g、鸭心 80g、鸭血 80g、鸭肠 80g。（如果买的是生鲜的，清洗干净后加些盐、花椒、大料、大葱等煮 30min 即可。）

（三）烹制

锅底加入少许油爆香、几粒花椒，然后把鸭肠炒 2min，加入一大碗鸭汤烧开后煮 2～3min，放入粉丝。鸭血不需要炒，粉丝煮一下，加入鸭血和几块鸭肉即可。

（四）装碗

出锅后加入香菜，如果汤的味道稍淡，则可以适当加些盐。

备注：

（1）鸭是非常凉性的动物，而且腥味偏重，所以在制作时一定不要忘记多加些姜。

（2）在处理鸭内脏的时候要小心，一定要清洗干净并氽烫去血水。

实验四十二　酸辣汤的制作

一、实验目的

（1）掌握酸辣汤的制作方法。

（2）熟悉不同地区酸辣汤制作方法的不同之处。

二、产品简介

酸辣汤（图1-42）是一道传统的川菜小吃，属于川菜或湘菜系。四川酸辣汤的特点是酸、辣、咸、鲜、香。酸辣汤用肉丝、豆腐、冬笋、保宁醋等原料经清汤煮制而成的，有醒酒去腻、助消化的作用，还具有健脾养胃、保肝益肾的作用，适用于辅助治疗食欲不振。

图1-42　酸辣汤

三、设备与用具

汤锅、托盘、电子秤、刀具、砧板、不锈钢盆、盘子若干、筷子。

四、实验原料

（1）主料：鸡汤750g、豆腐30g、熟鸡丝20g（或火腿）或肉丝20g、冬菇20g、熟瘦猪肉丝20g、鸡蛋1个、淀粉25g。

（2）调料：葱花 3g、酱油 10g、猪油 30g、味精 1g、胡椒粉 1g、保宁醋 15g、精盐 5g。

五、工艺流程

制粉 → 制汤 → 制作螺丝粉 → 下原料 → 装碗

六、操作要点

（一）原料预处理

将豆腐、冬菇分别切成细丝焯水后捞出，同熟肉丝、熟鸡丝放入锅内。

（二）勾芡调味

加鸡汤、精盐、味精、酱油，用旺火烧至沸滚，再放入湿淀粉勾芡后，改小火加打散的鸡蛋。

（三）装碗调味

将胡椒粉、保宁醋、葱花及少许猪油放入汤碗内。在锅内蛋花浮起时改为旺火，至肉丝滚起，冲入汤碗内即可。

备注：

（1）酸辣汤味道的好坏，最重要的是盐、胡椒粉、醋的比例，盐在酸辣汤中的比例可以调节酸和辣的口感程度。

（2）胡椒粉是最重要的原料，切记不要让胡椒粉"蒸发"掉，否则就会变成酸汤。正确的放入时间是主料 9.5 成熟时放入，待全熟时开大火 10s，这样既保持了胡椒粉的辣味，又不会留下它的腥气。

（3）保宁醋和盐的比例大概是 6∶5，这是大众所能接受的，如果想辣一些，则可以用 6∶4 的比例入料。

七、成品特点

成品具有酸、辣、咸、鲜、香的独特风味，可醒酒去腻，健脾养胃、助消化。

八、思考题

1. 制汤选材有哪些注意事项？

2. 不同地区酸辣汤的制作有何区别？

实验四十三　螺蛳粉的制作

一、实验目的

（1）学习螺蛳粉的相关知识。

（2）学会螺蛳粉的制作方法。

二、产品简介

螺蛳粉（图1-43）是广西壮族自治区柳州市最具地方特色的名小吃之一，具有辣、爽、鲜、酸、烫的独特风味。螺蛳粉的味美源于其独特的汤料，汤料由螺蛳、山奈、八角、肉桂、丁香、多种辣椒等天然香料和味素配制而成。

图1-43　螺蛳粉

2018年8月20日，"柳州螺蛳粉"获得国家地理标志商标。2021年5月24日，广西壮族自治区柳州市申报的柳州螺蛳粉制作技艺经国务院批准列入第五批国家级非物质文化遗产代表性项目名录。

三、设备与用具

不锈钢汤桶、大勺、电子秤、刀具、砧板、不锈钢盆、碗。

四、实验原料

（一）高汤原料

A 料：石螺 1000g、干辣椒 100g、辣椒红油 0.1g、桂林豆腐乳 3 块、酸笋 100g、姜 0.1g。

B 料：猪筒骨 500g、鸡骨架 300g、鸡油 200g、清水 5000g。

C 料：八角 1.2g、砂姜 1.6g、山柰 1.2g、丁香 0.4g、花椒 3g、桂皮 2g、草果 2g、砂仁 2.4g、紫苏 50g、罗汉果 1 个、小茴香 1.6g。

（二）主料

直径为 3mm 左右的干切粉、柳州特有的圆米粉 400g。

（三）配料

酸笋 80g、黄花菜 40g、腐竹 20g、酸豆角 40g、炸花生米 40g、青菜 60g。

（四）调料

鸡精 4g、味精 4g、柳州鲜味粉 4g、盐 24g。

五、工艺流程

制粉 → 制汤 → 制作螺丝粉 → 下原料 → 装碗

六、操作要点

（一）制粉

先将米粉用清水泡 30min 后捞出，再用 70℃ 的温水泡至微软后用清水泡制。

（二）制汤

（1）将石螺用清水洗净，浸泡 2 日后，剪去尾尖，用清水冲洗后待用。

（2）将 C 料装在调味包里和 B 料中的猪筒骨、鸡骨架放在不锈钢汤桶里用火煮开，将鸡油清洗后放入汤锅熬 1.5h 出味。

（3）在锅中倒入花生油烧至 6 成熟后，下姜炝锅，放入石螺和干辣椒，加入适量白酒炒至干香后，倒入骨汤中熬至出味，加入腐乳和适量的盐、鸡精、味精、柳州鲜味粉，熬制 40min 后加入红油。

（三）螺蛳粉制作

将米粉用开水煮 3min 后捞出，放入碗里加入汤料和配料。

备注：

（1）酸笋可以根据个人口味选择放或不放。

（2）米粉煮到用筷子可以夹断即可。

七、成品特点

成品具有辣、爽、鲜、酸、烫的独特风味，美味可口。

八、思考题

形成螺蛳粉特有风味的关键点在哪？

第二章　西式面点的制作

一、西式面点的定义

西式面点简称西点，是由国外引入的一类面点。制作西点的主要原料是面粉、糖、黄油、牛奶、香草粉、椰子丝等。西点的脂肪、蛋白质含量较高，味道香甜而不腻口，且式样美观，因而近年来销售量逐年上升。西点主要分为小点心、蛋糕、起酥、混酥和气鼓 5 类。

二、西式面点的起源

欧洲是西式面点的主要发源地，英国、法国、西班牙、德国、意大利、奥地利、俄罗斯等国家已有相当长的西式面点历史，并在发展中取得显著成就。从西式面点的发展来看，面包的历史最为悠久。面包是西方人的主食，也是西方国家销售量最大的食品之一。除主食面包外，近年来各种风味的花式小面包也相继问世。蛋糕无疑是一类最具代表性的西式面点，海绵蛋糕和奶油蛋糕是它的两种基本类型。

据史料记载，古埃及、古希腊和古罗马已经开始了最早的面包和蛋糕的制作，原始的面包甚至可以追溯到石器时代。早期的面包一直采用酸面团自然发酵的方法。16 世纪，酵母开始被运用到面包制作中。古埃及有一幅绘画就展示了公元前 1175 年底比斯城的宫廷烘烤场面，从画中可看出几种面包和蛋糕的制作场景，有组织的烘焙作坊和模具在当时已经出现。据说，当时的人们用做成动物形状的面包和蛋糕来祭神，这样就不必用活的动物了。一些富人将捐款作为基金，以奖励那些在开发品种方面有所创新的人。据统计，在古埃及，面包和蛋糕的品种有 16 种之多。据称，古希腊是世界上最早在食物中使用甜味剂的国家，其中包括以面粉为原料的烘焙食品。古希腊最早在食物中使用的甜味剂是蜂蜜，蜂蜜蛋糕曾一度风行欧洲，特别是在蜂蜜产区。英国最早的蛋糕是一种名为"西姆尔"的水果蛋糕，据说它来源于古希腊，其表面装饰的 12 个杏仁球代表罗马神话中的众神，今天欧洲有的地方仍用它来庆祝复活节。古罗马人制作了最早的奶酪蛋糕。迄今世界上最好的奶酪蛋糕出自意大利。古罗马的节日庆祝一度十分奢侈豪华，以致公元前186年罗马参议院颁布了一条严厉的法令，禁止人们在节日中过分放纵和奢华。这以后，烘烤糕点成了妇女日常烹饪的一部分，而从事烘焙食品业是男人们的一项受尊敬的职业。据记载，在4世纪，罗马成立有专门的烘焙协会。初具现代风格的西式面点大约出现在欧洲文艺复兴时期，其制作不但革新了早期方法，而且品种不断增加。烘焙食品业已成为相当独立的行业，进入了一个新的繁荣时期。现代西式面点中两类最主要的点心——派和起酥点心相继出现。1350年，一本关于烘焙的书中记载了派的5种配方，同时还介绍了用鸡蛋、面粉和酒调制成能擀开的面团，并用其来制作派。法国和西班牙在制作派的时候，采用了一种新的方法，即将奶油分散到面团中，再将其折叠几次，使成品具有酥层。这种方法为现代起酥点心的制作奠定了基础。大约在17世纪，起酥点心的制作方法进一步完善，并开始在欧洲流行。18世纪，磨面技术的改进为蛋糕和其他糕点提供了质量更好、种类更多的面粉，这些都为西式面点生产创造了有利条件。丹麦包和可松包是起酥点心和面包相结合的产物，哥本哈根以生产丹麦包而著称。可松包通常做成角状或弯月状，这种面包在欧洲有的地方被称为"维也纳面包"。

18～19世纪，在西方政体改革、近代自然科学和工业革命的影响下，西式面点烘焙业发展到一个崭新阶段。同时，西式面点开始从作坊式生产步入现代化生产，并逐渐形成了一个完整和成熟的体系。维多利亚时代是欧洲西式面点发展的鼎盛时期。一方面，贵族豪华奢侈的生活反映到西式面点，特别是装饰大蛋糕的制作上；另一方面，西式面点朝着个性化、多样化的方向发展，品种更加丰富多彩。当前，烘焙食品业在欧美十分发达，成为西方食品工业的主要支柱之一。

三、西式面点的分类

（一）小点心类

小点心类是以黄油或白油、绵白糖、鸡蛋、富强粉为主料和一些其他辅料（如果料、香料、可可等）而制成的一类形状小、式样多、口味酥脆香甜的西式面点，如腊耳朵、沙式饼干、杜梅酥、挤花等。

（二）蛋糕类

蛋糕类是西式面点中块形较大的一类产品，具有组织松软、香甜适口、装饰美观等特点。蛋糕类配料中的鸡蛋、黄油含量高，因而营养丰富。

蛋糕类分为软蛋糕、硬蛋糕两种。软蛋糕的特点是蛋糕配料中无油，如青蛋糕、花蛋糕；硬蛋糕的特点是蛋糕配料中有油和一些其他辅料，如水果蛋糕、太阳糕。

（三）起酥（清酥）类

起酥面团是用水油面团（或水调面团）包入油脂（或油面团），再经过反复擀制折叠，形成一层面与一层油脂交替排列的多层结构，最多可达 1000 层（层极薄）。起酥类的种类很多，如冰花酥、奶卷如意酥、小包袄、糖粉花酥等。

（四）混酥（甜酥性面团制品）类

混酥面团是以面粉、油脂、水（或牛奶）为主要原料，配合加入砂糖、鸡蛋、香料等制成的一类不分层次的酥松点心，绵软酥脆、口味香甜。用混酥面团加工出来的西式面点主要有部分饼干、小西饼、塔（tart）等。

（五）气鼓（汤面面糊点心）类

气鼓面糊是在沸腾的油和水中加入面粉，使面粉中的淀粉糊化，产生胶凝性，再加入较多的鸡蛋搅打成的糊。加热调制成的面糊经挤注、烘烤成空心坯，冷却后加馅，装饰而成各种糕点。气鼓类的产品有很多，其形状小，有绵软（如甲子气古）和艮酥（如砂糖气古）两种，比较著名的有泡芙、哈斗。

实验一　　海绵蛋糕的制作

一、实验目的

（1）了解海绵蛋糕生产的一般过程、基本原理和操作方法。
（2）掌握蛋糕面浆调制的过程和烘烤过程。
（3）认识乳化剂在蛋糕制作中的作用。

二、产品简介

海绵蛋糕（图2-1）是蛋糕的基本类型之一，以鸡蛋、小麦粉、糖为主要原料，通过打蛋、拌粉、注模及烘烤等工序制成的高蛋白、低脂肪、高糖分的食品，其配料中基本不使用油脂，口味清淡。它依靠蛋清和蛋白的搅打发泡性能，将空气包裹在蛋液膜中，加入其中的糖能增加浆液的黏度，可起到稳定泡沫的作用。蛋糕工业目前使用显著乳化作用的蛋糕油，乳化剂的应用可缩短打蛋时间，提高蛋糕面糊泡沫的稳定性，简化蛋糕生产工艺流程，显著改善蛋糕质量，显著增大蛋糕体积，提高蛋糕出品率，并延长蛋糕保质期。

图2-1　海绵蛋糕

海绵蛋糕又被称为清蛋糕，它利用鸡蛋的发泡性使得蛋糕产品内部形成均匀、致密、多孔的结构。海绵蛋糕的蓬松是通过蛋液搅打（俗称打蛋）这样一种机械方式将空气引入蛋液中，并形成大量气泡的过程。蛋清中的某些蛋白质吸附在气液界面上，其亲水基朝液相，疏水基朝气相，在气泡周围形成一层蛋白质吸附层即蛋白膜，从而降低了界面张力，增加了泡沫稳定性。同时，蛋白膜对气泡的保护作用亦使气泡不易因碰撞而发生结合或破裂。此外，蛋液的黏稠性对维持泡沫的稳定性也起了一定作用。

蛋糕油具有发泡性和乳化性双重功效，即蛋糕油酥可以维持泡沫体系的稳定，使产品获得均匀多孔的结构，又可以保持油、水分散体系的稳定性。它的加入还大大缩短了打蛋时间，并且改变了传统的原料配方（加入了一定的油脂和水分）和加工工艺，使蛋糕的体积、组织、口感等品质有了极大改善。

三、设备与用具

立式打粉机、台秤、蛋糕烤盘、远红外食品烤箱、电动打蛋器、面粉筛、打蛋盆、6 英寸（in）蛋糕模具、刨丝器、小抹刀、刮刀、小勺等。

四、实验原料

A 组：全蛋液 1240g、白糖 500g、盐 3g、奶香粉 10g（可不放）。
B 组：低筋面粉 400g、玉米淀粉 20g、泡打粉 10g。
C 组：牛奶或水 150g、蛋糕油 50g。
D 组：色拉油 300g。

五、工艺流程

原料预处理 → 打蛋 → 拌粉 → 注模 → 烘烤 → 冷却、脱膜、包装 → 成品

六、操作要点

（一）海绵蛋糕的不同做法

海绵蛋糕在制作过程中一般有两种做法：一种是只用蛋清而不用蛋黄的天使蛋糕；另一种是用全蛋的黄海绵蛋糕。因而，其制作方法有所不同。

（1）天使蛋糕由蛋清、白糖、面粉、油脂按 5∶3∶3∶1 的比例配合制作而成，因配方中没有用蛋黄，所以发泡性能很好，糕体内部组织相对比较细腻，色泽洁白、质地柔软，几乎呈膨松状。

（2）黄海绵蛋糕传统的配方一般有两种：一种是鸡蛋、糖、面粉的比例为 1∶1∶1；另一种为鸡蛋、糖、面粉的比例为 2∶1∶1。

（二）具体操作

1. 原料预处理

原料预处理阶段主要包括原料清理、计量，如鸡蛋清洗、去壳，面粉和淀粉疏松、碎团等。面粉、淀粉一定要过筛（60目以上）轻轻疏松一下，否则，可能有块状粉团进入蛋糊中，使面粉或淀粉分散不均匀，导致成品蛋糕中有硬心。

2. 打蛋

将 A 组原料倒入打蛋器中快速搅打至糖化，然后改成高速搅打，打至蛋液体积为原来的 2.5 倍左右，时间大约为 25min。加入 C 组原料搅打至蛋糕油融化，再加入 D 组原料拌匀。

3. 拌粉

拌粉将过筛后的 B 组原料粉混合物加入蛋糊中搅匀的过程。对海绵蛋糕来说，若蛋糊经强烈的冲击和搅动，其气泡就会被破坏，不利于焙烤时蛋糕胀发。因此，加粉时只能慢慢将面粉倒入蛋糊中，同时轻轻翻动蛋糊，以最轻、最少的翻动次数，拌至见不到生粉即可。

4. 注模

注模应该在 15～20min 内完成，以防蛋糊中的面粉下沉，使产品质地变硬。蛋盆距离模具约 20cm 高，将面糊缓慢倒入模具，挂在蛋盆边缘消泡的剩余蛋糊舍弃不要；成型模具可在使用前事先涂上一层植物油或猪油。注模时还应掌握好灌注量，一般以填充模具的 7～8 成为宜，以防烘烤后体积膨胀溢出模外，既影响制品外形美观，又造成蛋糊的浪费；如果模具中蛋糊灌注量过少，则制品在烘烤过程中，会因水分挥发相对过多而使制品的松软度下降。翻拌好的面糊很细腻，有较少的大气泡，提起面糊呈飘带状滴落，静置一会慢慢消失，即是成功的面糊。

5. 烘烤

注模后震动一下模具，马上送入已经预热好的烤箱中层，上下火 180℃，6 英寸模具蛋糊约烘烤 30min，烘烤至蛋糕高于模具，隆起一定高度后慢慢回落，表面形成金黄色，即可出炉。蛋糕烘烤时不宜多次拉开炉门做烘烤状况的判断，以免面糊因热胀冷缩的影响而下陷。

6. 冷却、脱模、包装

蛋糕出炉后，轻摔模具，平放在铺有一层布的木台上自然冷却。若是大型圆蛋糕，则应立即翻倒，底面向上冷却，可防止蛋糕顶面遇冷收缩变形。

七、成品特点

形态：光滑无斑点、环纹，上部有较大弧度。

色泽：亮黄、淡黄，有光泽。

口感：绵软、细腻，稍有潮湿感，没有硬块。

组织：气孔较均匀、光滑细腻，柔软有弹性。

八、思考题

1. 烤好的蛋糕为什么没有发起来或出炉后回缩？

2. 面粉过筛的精细程度如何把握？

实验二　戚风蛋糕的制作

一、实验目的

(1) 掌握戚风蛋糕的制作方法。
(2) 熟悉戚风蛋糕配料特点。

二、产品简介

戚风蛋糕（图2-2）的制法与分蛋搅拌式海绵蛋糕相类似（分蛋搅拌是指蛋白和蛋黄分开搅打好后，再予以混合的方法），即在制作分蛋搅拌式海绵蛋糕的基础上，调整原料比例，并且在搅拌蛋黄和蛋白时，分别加入泡打粉和塔塔粉。

图2-2　戚风蛋糕

戚风蛋糕组织蓬松，水分含量高，味道清淡不腻，口感滋润嫩爽，是目前最受欢迎的蛋糕之一。这里要说明的是，戚风蛋糕的质地异常松软，若将同样重量的全蛋搅拌式海绵蛋糕面糊与戚风蛋糕的面糊同时烘烤，那么戚风蛋糕的体积可能是前者的两倍。虽然戚风蛋糕非常松软，但它带有弹性且无软烂的感觉，吃时淋上各种酱汁很可口。另外，戚风蛋糕还可做成各种蛋糕卷、波士顿派等。

三、设备与用具

烤箱、量勺、电子秤、烤盘、烤网、手动打蛋器、电动打蛋器、橡皮刮刀、塑料刮板、小碗若干、案板、擀面杖、锡纸、油纸、烤盘垫纸、面粉筛、蛋糕圆模、盛盘若干。

四、实验原料

A组：蛋清 1500g、白砂糖 630g、塔塔粉 15g、盐 11g。
B组：泡打粉 15g、低筋面粉 500g、淀粉 50g。
C组：牛奶 300g、蛋黄 600g、液态酥油 285g。

五、工艺流程

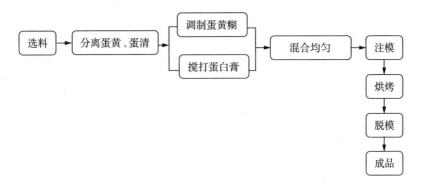

六、操作要点

（一）选料

（1）鸡蛋最好选用冰蛋，其次为新鲜鸡蛋，不能选用陈鸡蛋，这是因为冰蛋的蛋白和蛋黄比新鲜鸡蛋更容易分开。另外，若单独将新鲜鸡蛋白放入冰箱中贮存 1～2 天后，再取出搅打，则会比新鲜蛋白更容易起泡，这种起泡能力的改变，其实是蛋白的 pH 值从 8.9 降低到 6 所致。

（2）糖宜选用细粒（或中粒）白砂糖，因为这种糖在蛋黄糊和蛋白膏中更容易溶化。

（3）面粉宜选用低筋面粉，不能选用高筋面粉。高筋面粉遇水会产生大量面筋，从而形成面筋网络，影响蛋糕的发泡。

（4）油脂宜选用流质油，如色拉油等。这是因为油脂是在蛋黄与白糖搅打均匀后才加入的，若使用固体油脂，则不易搅打均匀，从而影响蛋糕的质量。

（5）使用泡打粉和塔塔粉时，应注意其保质期和是否受潮。若使用了失效的泡打粉和塔塔粉，则会影响蛋糕的膨胀。

（二）分离蛋黄、蛋清

将鸡蛋打入盆中，用手将蛋黄逐个捞出或用分蛋器将蛋黄和蛋清彻底分离，分别装在无油无水的容器里备用。此过程中要动作轻柔，保证蛋清中没有混入蛋黄，搅打蛋白的器具也要洁净，不能粘有油脂。

（三）调制蛋黄糊

（1）将蛋黄用蛋扫充分搅打均匀，加入牛奶、液态酥油搅打搅匀。

（2）筛入低筋面粉、泡打粉、淀粉，用蛋扫将其搅拌为光滑均匀的蛋黄糊。

（不要过度搅拌，以免面粉起筋。）

（四）搅打蛋白膏

（1）搅打蛋白膏时要先慢后快，这样蛋白才容易被打发，蛋白膏的体积才更大。用电动打蛋器把蛋白来回打至呈鱼眼泡状，加入 1/3 的白糖。

（2）继续搅打，蛋白变浓稠呈较密的泡沫时，加入 1/2 的白糖。

（3）继续搅打，当蛋白变浓稠且表面出现纹路时，加入剩余的白糖。

（4）继续搅打过程中要特别注意蛋白膏的发泡程度，即达到中性或硬性发泡。搅打蛋白膏可分为泡沫状、湿性发泡、硬性发泡和打过头 4 个阶段。开始搅打蛋白时，蛋白呈黏液状，搅打约 1min 后呈泡沫状；加入白糖继续搅打 5min 后，蛋白有光泽，呈奶油状，提起打蛋器，可见蛋白的尖峰下垂，此为湿性发泡；再搅打 2～3min，提起打蛋器，水平状态下蛋白呈大鸡尾状且稳定，此时为中性偏硬性发泡，可停止搅打，也可继续搅打至打蛋器能拉出尖峰状，此时为硬性发泡，停止搅打；若继续搅打，则蛋白会呈一团一团的棉花状，即搅打过头，蛋白膏失去使用价值。

（五）混合均匀

蛋黄糊和蛋白膏应在短时间内混合均匀，并且拌制动作要轻要快，若拌得太久或太用力，则气泡容易消失，蛋糕糊会渐渐变稀，烤出来的蛋糕体积会缩小。由于蛋黄糊和蛋白膏的黏度差别较大，蛋白膏黏度小、质地轻，蛋黄糊的黏度大、密度大，两者很不容易混合均匀。应先取 1/3 蛋白膏置于蛋黄糊中搅拌均匀以稀释蛋黄糊，再将稀释过的蛋黄糊倒入余下的蛋白膏中，翻拌方式为从底部往上快速翻拌（海底捞形式），切勿打圈搅拌，以免蛋白消泡，拌匀后的蛋糕糊呈浓稠细腻状态。

备注：

（1）塔塔粉的作用：在蛋白中加入塔塔粉的作用是使蛋白泡沫更稳定，因为塔塔粉为一种有机酸盐（酒石酸氢钾），可使蛋白膏的 pH 值降低至 5～7，而此时的蛋白泡沫最为稳定。塔塔粉的用量为蛋白的 0.5%～1%。

（2）白糖的作用：白糖能帮助蛋白形成稳定和持久的泡沫，故搅打蛋白时放入白糖就成了必要的步骤。要想让蛋白膏泡发性好且稳定持久，白糖的用量和加入时机就显得很关键。白糖可增加蛋白的黏度，而黏度太大又会抑制蛋白的泡发性，使蛋白不易充分发泡（白糖的用量越多，蛋白的泡发性越差），只有加入适量白糖才能使蛋白泡沫稳定持久。因此，白糖的用量以既不影响蛋白的泡发性，又能使蛋白达到稳定的效果为佳。另外，白糖加入的时机以蛋白搅打呈粗白泡沫时为最好，这样既可把白糖对蛋白起泡性的不利影响降低，又可使蛋白泡沫更加稳定。若白糖加得过早，则蛋白不易泡发；若加得过迟，则蛋白泡沫的稳定性差，白糖也不易搅匀搅化，还可能因过分搅打而使蛋白膏搅打过头。

（3）调制蛋黄糊和搅打蛋白膏应同时进行，及时混匀。任何一种糊放置太久都会影响蛋糕的质量，若蛋黄糊放置太久，则易造成油水分离；若蛋白膏放置太久，则易使气泡消失。

（六）注模、烘烤、脱模

（1）烘烤前，模具（或烤盘）不能涂油脂，这是因为戚风蛋糕的面糊必须借助黏附模具壁的力量往上膨胀，有油脂就失去了黏附力。

（2）烤制时宜选用活动模具，这是因为戚风蛋糕太松软，取出蛋糕时易碎烂，只有用活动模具，方可轻松取出。

（3）烘烤温度也是制作蛋糕的关键。烘烤前必须让烤箱预热。此外，蛋糕坯的厚薄大小也会对烘烤温度和时间有要求。蛋糕坯厚且大者，烘烤温度应当相应降低，时间相应延长；蛋糕坯薄且小者，烘烤温度则须相应升高，时间相对缩短。一般来说，厚坯的炉温为上火180℃、下火150℃；薄坯的炉温为上火200℃、下火170℃，烘烤时间以35～45min为宜。

（4）蛋糕成熟与否可用手指去轻按表面测试，若表面留有指痕或感觉里面仍柔软浮动，则是未熟；若感觉有弹性，则是熟了。蛋糕出炉后，应立即从烤盘内取出，否则会引起收缩。

七、成品特点

形态：完整，表面略鼓，底面平整，无破损龟裂、无回缩、无塌陷。
色泽：表面呈金黄色，均匀一致，无烤焦发白现象。
气味：具有烘烤后的蛋糕香味，无异味。
口感：松软适口，清淡不腻，滋润嫩爽，无异味，无未融化的糖粗粒。
组织：蓬松有弹性，切面气孔大小均匀，纹理清晰。

八、思考题

1. 戚风蛋糕与海绵蛋糕的制作方法有何区别？
2. 如何使烤好的蛋糕没有腥味？
3. 为什么蛋糕外表焦了里面却没有熟？
4. 如何判断蛋糕是不是熟了？

实验三　天使蛋糕的制作

一、实验目的

（1）了解天使蛋糕的制作原理。

（2）掌握天使蛋糕的制作方法和操作要点。

二、产品简介

天使蛋糕（图2-3）是由硬性发泡的蛋清、白糖和白面粉制成的。天使蛋糕于19世纪在美国开始流行，与巧克力恶魔蛋糕不同，两者是完全不同类型的蛋糕。泡打粉出现后，人们发明了许多新的蛋糕，天使蛋糕和巧克力恶魔蛋糕就是同时期出现的，后者大量添加可可粉和巧克力、牛油。

图2-3　天使蛋糕

与其他蛋糕做法不同的是，天使蛋糕在制作时只使用蛋清，因配方中没有用蛋黄，所以其发泡性能很好，糕体内部组织相对比较细腻，色泽洁白，质地柔软，几乎呈膨松状。天使蛋糕需要专门的天使蛋糕烤具，通常是一个高身、圆筒状，中间有筒的容器。天使蛋糕烤好后，要倒置放凉以保持体积。天使蛋糕很难用刀子切开，刀子很容易把蛋糕压下去。因此，通常使用叉子、锯齿形刀及特殊的切具。

三、设备与用具

蛋糕油打蛋机、烤箱、烤盘、隔热手套、刮板等。

四、实验原料

A 组：蛋清 1000g、白糖 300g、盐 10g、塔塔粉 20g。

B 组：牛奶 2000g、色拉油 200g、蛋清 200g、白糖 50g。

C 组：低筋面粉 400g、泡打粉 10g、玉米淀粉 40g、奶香粉 10g。

五、工艺流程

蛋清打发 → 调制面糊 → 拌粉 → 注模 → 烘烤 → 冷却 → 成品

六、操作要点

（一）蛋清打发

慢速将白糖搅打至溶化，再快速搅打成鸡尾状（中性发泡），最后换成慢速搅打消除大气泡（该过程约 10s）。

（二）调制面糊

B 组白糖视情况添加，用蛋扫将 B 组原料搅至白糖溶化后，倒入 C 组原料搅匀（稠了适当添加蛋清搅匀）。

（三）拌粉

取 1/3A 组原料打成的蛋液加入搅匀后，再倒回打蛋皿将余下蛋液泡沫"海底捞月"似全部拌匀。

（四）烘烤

烘烤时，烤箱上火温度设置为 180℃，下火温度设置为 160℃。

（五）倒入烤盘后，振荡放出气泡，也可用牙签划几下放出气泡，再振荡数次。

备注：

（1）蛋白中加入塔塔粉或者白醋可以平衡蛋白的碱性，如果碱性过高，烤出来的蛋糕就呈乳白色，口感会不好。

（2）加盐可使蛋糕更加洁白，增加蛋糕香味。

（3）搅打蛋白时，须打到湿性发泡就可以，无须像戚风蛋糕那样打到干性发泡。

（4）加入少量的玉米淀粉，能增加蛋糕的蓬松度，调节全蛋白蛋糕的韧性。

七、品质鉴定

形态：光滑无斑点、环纹，上部有较大弧度。

色泽：亮黄、淡黄，有光泽。

口感：绵软、细腻，稍有潮湿感，没有硬块。

组织：气孔较均匀、光滑细腻，柔软有弹性，按下很快复原。

八、思考题

1. 怎样确定天使蛋糕的烘焙温度？

2. 天使蛋糕是使用鸡蛋的什么部分制作而成的？

实验四　热那亚蛋糕的制作

一、实验目的

（1）学习热那亚蛋糕的相关知识。

（2）学会热那亚蛋糕的制作方法。

二、产品简介

热那亚蛋糕（图2-4）是一种欧洲传统的油脂蛋糕，与马德拉蛋糕同属两种基本的油脂蛋糕。它又分为轻型热那亚蛋糕、重型热那亚蛋糕和沸型热那亚蛋糕3种。后两者适于切块制作花色小蛋糕和彩格蛋糕，特别是沸型热那亚蛋糕糕体结实，切块时不易掉渣，且质地稳定，具有良好的保存性质。传统的重型热那亚蛋糕配方的特点是面粉、油脂、糖和蛋的用量相等。热那亚蛋糕并非发酵点心，而是有着柠檬与茴香味道的水果蛋糕，也可加入葡萄干、陈皮、松子等。

图2-4　热那亚蛋糕

三、设备与用具

烤箱、搅拌机、电子秤、刀具、砧板、碗。

四、实验原料

黄油 a（柔软的）120g、糖粉 90g、盐 1g、碳酸氢铵 4g、鸡蛋 50g、马尔萨拉酒（甜口）50g、小麦粉 300g、烘焙粉 4g、葡萄干 280g、陈皮（切好的）100g、松子 40g、黄油 b 少量、茴香种子 3g、柠檬皮 4g、香草香精 0.5g。

五、工艺流程

原料预处理 → 搅拌黄油 → 拌料 → 烘焙 → 成品

六、操作要点

（一）原料预处理

将糖粉、盐、碳酸氢铵混合在一起；小麦粉与烘焙粉混合一起；将葡萄干放入开水中，熄火泡软，沥水擦干；松子用黄油 b 煎嫩。

（二）搅拌黄油

将黄油 a 及已经混合好的糖粉、盐、碳酸氢铵一起放入搅拌机中，中速搅拌至颜色发白起泡。将鸡蛋分为两份，一边加一边搅拌，再放入马尔萨拉酒。

（三）拌料

将搅拌好的黄油加入葡萄干、陈皮、嫩煎过的松子混合，加入茴香种子、柠檬皮、香草香精继续混合，再加入小麦粉、烘焙粉，用搅拌器搅拌成团。

（四）烘焙

将面团分为两份，撒上面粉揉成半球形，放在烤盘上，温度设置为 170～180℃，在烤箱中烤制 30min。

备注：
马尔萨拉酒西是西里岛马尔萨拉产的烈性葡萄酒。

七、品质鉴定

形态：光滑无斑点、环纹，上部有较大弧度。
色泽：亮黄、淡黄，有光泽。
口感：绵软、细腻，稍有潮湿感，没有硬块。
组织：气孔较均匀、光滑细腻，柔软有弹性，按下很快复原。

八、思考题

怎样确定热那亚蛋糕的烘焙温度？

实验五　阿莫尔玉米粉蛋糕的制作

一、实验目的

（1）学习阿莫尔玉米粉蛋糕的相关知识。

（2）学会阿莫尔玉米粉蛋糕的制作方法。

二、产品简介

阿莫尔玉米粉蛋糕（图 2-5）是使用玉米粥的原料玉米粉制作而成的，曾被称作"喜爱的玉米粥"。北意大利的主食是玉米粥，玉米粉是常见食材，也经常用来制作面点。阿莫尔玉米粉蛋糕的做法和黄油蛋糕的做法基本相似，规定要在带槽的模具中烤制。如今，此类蛋糕里面会加入坎帕尼亚生产的黄色的甜香酒——斯特加酒，能够做出更加鲜艳的黄色面点。

图 2-5　阿莫尔玉米粉蛋糕

三、设备与用具

烤箱、带槽模具、电子秤、打蛋器、橡胶铲。

四、实验原料

黄油（柔软的）500g、糖粉 500g、盐 1g、打好的蛋液 300g、蛋黄 240g、玉米粉（粗磨）400g、面粉（Type00）300g、烘焙粉 5g、香草香精 0.5g、女巫巧克力甜香酒 100g、装饰用糖粉适量。

五、工艺流程

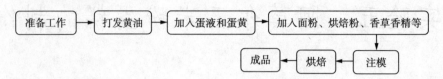

六、操作要点

（一）准备工作

模具中涂上澄清好的黄油，撒上少许玉米粉、糖粉，再撒上面粉、烘焙粉、香草。

（二）打发黄油

将黄油、糖粉和盐用打蛋器快速均匀打泡直到发白。

（三）加入蛋液和蛋黄

一点点加入打好的蛋液、蛋黄搅拌，大概倒入 8 成时，加入玉米粉，用橡胶铲搅拌，等粉块消失后再加入剩下 2 成的蛋液和蛋黄搅拌。

（四）加入面粉、烘焙粉、香草香精等

加入面粉、烘焙粉、香草香精搅拌至没有粉末为止。女巫巧克力甜香酒通过橡胶铲加入。

（五）注模、烘焙

将面糊倒进模具中，放进 180℃ 的烤箱中烤 35～40min。烤好后放置 5～10min 让蛋糕稳定下来。为了轻松取出蛋糕，要前后晃动几次，取出后平整的一面朝下放到网板上，散热。

（六）成品

在蛋糕的中间位置放一条细长的烹调纸，等撒好装饰用糖粉后去掉纸片。

备注：

因为鸡蛋量多，所以搅拌时面糊会分离，但加入玉米粉后会吸收水分，面糊会粘在一起。因此，玉米粉要一次性加入并搅拌。

七、成品鉴定

形态：表面光整、圆形；

色泽：淡黄有光泽，气孔细密均匀；

组织：细腻、有厚实感、无硬块。

八、思考题

玉米粉的加入对该蛋糕成品质地有何影响？

实验六　曲奇饼干的制作

一、实验目的

（1）了解不同口味曲奇饼干的配方。

（2）掌握曲奇饼干的制作过程。

二、产品简介

黄油的主要作用是使曲奇饼干（图2-6）的结构更加酥松，同时增加曲奇饼干的奶香味。糖粉能增加曲奇饼干的蓬松感、酥脆感，保持曲奇形状，调整其良好的口感。糖的天然抗氧化作用可延缓油脂氧化酸败（变质），延长曲奇饼干的保质期。

图2-6　曲奇饼干

三、设备和用具

电子天平、烤箱、冰箱、面粉筛、打蛋器。

四、实验原料

（1）香草曲奇：低筋面粉200g、黄油130g、细砂糖35g、糖粉65g、鸡蛋50g、香草精1/4小勺。

（2）巧克力曲奇：低筋面粉180g、可可粉20g、黄油130g、细砂糖35g、糖粉65g、鸡蛋50g。

（3）抹茶曲奇：低筋面粉 190g、抹茶粉 10g、黄油 130g、细砂糖 35g、糖粉 65g、鸡蛋 50g。

五、工艺流程

六、操作要点

（一）原料预处理
黄油室温软化。
（二）打发黄油
黄油软化后，倒入糖粉、细砂糖，搅拌均匀。用打蛋器不断搅打黄油和糖粉的混合物，将其打发至体积膨大、颜色稍变浅即可。
（三）加入蛋液
分 2～3 次加入鸡蛋液，并用打蛋器搅打均匀。每次都要等黄油和鸡蛋液完全融合再加入。黄油必须与鸡蛋液完全混合，不出现分离。
（四）拌粉
香草曲奇中加入香草精，将低筋面粉筛入黄油糊中（如果做巧克力曲奇，则把可可粉和低筋面粉混合后一起过筛；如果做抹茶曲奇，则将抹茶粉和低筋面粉混合后一起过筛），把面粉和黄油糊拌匀，成为均匀的曲奇面糊。
（五）造型
用裱花袋将曲奇面糊挤在烤盘上。
（六）烘焙
将烤盘放入预热好上火 190℃、下火 170℃左右的烤箱中层，烤 13min 左右，烤至表面出现黄色即可出炉。

七、成品特点

形态：外形完整，花纹清晰，不收缩、不变形、无气泡。
口感：酥软细腻，不黏牙，有奶香味。

八、思考题

黄油和糖分的添加量对曲奇饼干的品质有何影响？

实验七　法棍的制作

一、实验目的

（1）了解并掌握法棍制作的基本原理及操作方法。

（2）通过实验了解并熟悉糖、食盐、水等各种食品添加剂对法棍质量的影响。

二、产品简介

法棍（图2-7），即法式长棍面包，多呈长棍形。它反映了法国文化，是法国餐桌上的一道必不可少的传统美食，其生产制作工艺传承于19世纪中期的维也纳。起初，法棍呈圆形。1789年，法国大革命后的一项公约规定，法国面包师必须将面包做成统一大小的，其长度与重量也渐渐统一，其形状逐渐统一成约长55cm的长棍状，法棍由此产生。

图2-7　法棍

法棍的配方很简单，只用面粉、水、盐和酵母4种基本原料，通常不加糖、乳粉，不加或几乎不加油，面粉未经漂白，不含防腐剂。它的特色是表皮松脆，内里柔软而稍具韧性，越嚼越香，充满浓郁的麦香味。因为面粉和水结合形成的面团组织，以及发酵引起的面坯的成熟度等对面包的体积和味道都有直接的影响，所以同其他面包相比，法棍在各道工序中对面坯的正确制作和观察都特别严格。

三、设备与用具

电子秤、搅拌机、电烤炉、醒发箱、干净烧杯若干、食品刷、锯齿刀、砧板等。

四、实验原料

高筋面粉 208g、低筋面粉 82g、酵母 4.5g、盐 3.5g、糖 1.5g、水 160g。

五、工艺流程

称量 → 和面 → 分割搓圆 → 整形 → 发酵 → 烘烤 → 冷却 → 成品

六、操作要点

（一）称量

称量实验所需的原材料，将其放入干净的盆中备用。

（二）和面

将称量好的高筋面粉、低筋面粉、酵母、盐、糖、水倒入搅拌机内搅拌，先低速搅打 2min，再换高速搅打至表面光滑即可。

（三）分割搓圆

将面团分成每个约 250g，搓圆。

（四）整形

搓圆的面团静置 5min 后用擀面杖擀成牛舌状，手指轻按大略排气，将面团上部 1/3 往下翻，并且压紧接缝，再将未翻的 1/3 往上翻，略盖过之前的接缝并压紧接缝。之后，用左手按压接缝，右手将上部面团往下压，用手掌按紧接缝，使接缝朝下，双手自然地推动面团，使面团从中间向两端均匀地变细、变长至约为 55cm 的长棍形状。

（五）发酵

此次采用一次发酵法（直接发酵法）。法棍面团整形后放入 U 形盘于醒发箱内醒发，醒发温度为 38℃，湿度为 60%。根据实验条件进行醒发至体积变为原来的两倍大。

（六）烘烤

烤箱温度上火 210℃，下火 180℃，将醒发好的法棍放入烤箱内烘烤 30min。在烘烤时，用喷壶将水每隔 5min 快速喷在烤盘的周围（不要喷在法棍上），并注意翻面，翻面时要迅速，不要频繁地开烤箱。

七、成品特点

色泽：表面呈金黄色和淡棕色，均匀一致，无烤焦。

气味：具有烘烤和发酵后的面包香味，并具有经调配的芳香风味，无异味。

口感：松软适口，不粘牙，不牙碜，无未融化的糖、盐粗粒。

组织：细腻，有弹性；切面气孔大小均匀，纹理均匀清晰，呈海绵状，无明显大孔洞和局部过硬；切片后不断裂，无明显掉渣。

八、思考题

1. 法棍的烘烤时间应该如何把握？
2. 如何确定面团发酵完成？

实验八　甜面包的制作

一、实验目的

（1）了解并掌握甜面包制作的基本原理及操作方法。

（2）通过实验了解并熟悉糖、食盐、水等各种食品添加剂对面包质量的影响。

二、产品简介

甜面包（图 2-8）一般分为美式、欧式、日式、台式等类别。一般甜面包面团中糖的含量为 18%～20%，油脂不低于 8%（一般不低于 4%）。制作方法分为直接法、中种法，根据店内硬件要求可选用冷藏面团操作。在亚洲，烘焙市场上流通的甜面包的特点较为接近，这些地区对甜面包不仅有极高的鲜度要求，还要求要有漂亮的外形、丰富的内馅，以营造出产品的卖点，提升产品的商业价值。

图 2-8　甜面包

在欧美国家，甜面包多作为休息或早餐时的点心食用，但其做法不及亚洲地区（如日本、中国台湾）精致。在烘焙市场流行的日式、台式甜面包通常除口味丰富多样外，在造型、外观上更为注重，并提倡以手工操作为主；在馅料搭配方面迎合当地消费者需求，结合当地原料素材，灵活多变，已发展成面包中的一个重要品种。欧美地区（如美国）的甜面包，为节省人工开支和配合量产，操作方式基本以半人工、半机械为主，在外形等方面远不如亚洲"下功夫"。这应是中西方综合文化差异所致。

在国内，甜面包是面包店主打产品之一。历经了国内"拓荒者"福建、广东派"港式"面包、台式面包引进等过程后，现烤甜面包仍成为国内面包的主流。如今，上海等地的现烤面包店（如日本山琦面包、新加坡面包新语），令顾客排起长队等待光顾的绝对主角仍是甜面包。

甜面包的花色品种多，按照不同配料及添加方式可分成清甜型、饰面型、混合型、浸渍型等种类。

（1）清甜型甜面包：主要原料是面粉、糖、油、蛋和酵母等，有时候添加适量乳粉或牛乳，其表面刷蛋液。成品色泽金黄或棕红，有光泽，口感甜而松软，如车轮面包、三色辫子面包、黑白吐司等。

（2）面型甜面包：在清甜型甜面包的表面装饰水果、果仁或淋翻糖，使面包变得美观，诱人食欲。这类产品的花色品种很多，有核桃辫圈面包、墨西哥面包、酥蛋面包等。

（3）混合型甜面包：在甜面包的发酵面团中添加干果、糖渍水果或果仁等配料经成型、醒发、烘烤而成，具有入口松软、果香味浓的特点。它的品种有很多，形状、口味各异，有意大利面包、水果面包、葡萄干面包排、桂圆面包等。

（4）浸渍型面包：将特制的甜面包充分吸收糖酒水后制成，特别松软香甜，含水量较高，是国际上流行的一种豪华点心面包，如萨伐连、朗姆巴巴等。

三、设备与用具

电烤箱、醒发箱、打面机、托盘、电子秤、刀具、砧板、不锈钢盆、盘子若干、羊毛刷、打蛋器、面包包装袋、盛盘若干。

四、实验原料

配方1：

（1）烫种：高筋面粉500g、盐3g、糖5g、沸水500g，或者高筋面粉500g、糖50g、盐2.5g、沸水550g。

（2）面种：高筋面粉 1500g、酵母 15g、水 900g。

（3）主面：高筋面粉 1500g、白糖 540g、盐 36g、酵母 21g、改良剂 9g、奶粉 120g、蛋清 210g、全蛋 240g、水 300g、黄油 300g。

配方 2：

（1）烫种：高筋面粉 500g、盐 3g、糖 5g、沸水 500g，或者高筋面粉 500g、糖 50g、盐 2.5g、沸水 550g。

（2）面种：高筋面粉 1500g、酵母 30g、水 450g、牛奶 600g、蜂蜜 60g。

（3）主面：高筋面粉 1500g、白糖 450g、盐 36g、改良剂 15g、奶粉 180g、淡奶油 300g、全蛋 600g、黄油 660g、炼乳 300g。

配方 3：

（1）面种：红大成 168 面粉 1000g、新西兰奶粉 60g、酵母 60g（活性干酵母 14g）、鸡蛋 200g、水 280g。

（2）主面：铁人 168 面粉 1000g、白糖 320g、食盐 28g、黄油 500g、水 280～300g、纯牛奶 200g、鸡蛋 120g。

五、工艺流程

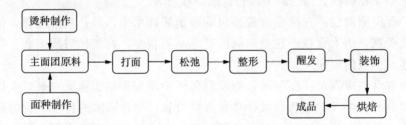

六、操作要点

（一）烫种制作

将沸水加入烫种原料中搅拌均匀，摊放冷却后揉成团，冷藏备用。

（二）面种制作

面种原料中加入和面机，搅打至无干面粉时取出，置于烤盘醒发至有蜂窝状时取出备用。

（三）打面

将烫种、面种、主面团原料（除黄油外）放入和面机，搅打至面团可拉出薄膜，加入黄油继续搅打，取小块面团，可拉出光滑细腻的薄膜，破裂后薄膜边缘光滑，此时取出面团，置于操作台松弛。

（四）松弛

（1）第一次松弛：取出打好的面团置于操作台上，盖上保鲜膜松弛 20min 左右。

（2）第二次松弛：将面团分割成相应的重量，搓圆后盖上保鲜膜再松弛 20min。

（五）整形、醒发、装饰

将松弛后的面团逐个取出，用擀面杖充分擀开，将气泡排出，再制作成相应造型，置于烤盘中，留够相应间距，放入醒发箱醒发至 1.5～2 倍大，取出，表面刷蛋液，装饰。

（六）烘焙

面包：烤箱上火 210℃，下火 200℃，烘焙 20min。

吐司：烤箱上火 150℃，下火 230℃，烘焙 30～40min。

根据烤箱质量与规格、面包大小，灵活掌握烘焙时间。

七、品质鉴定

形态：完整，无缺损、龟裂、凹坑，表面光洁，无白粉和斑点。

色泽：表面呈金黄色和淡棕色，均匀一致，无烤焦、发白现象。

气味：具有烘烤和发酵后的面包香味，并具有经调配的芳香风味，无异味。

口感：松软适口，不粘牙，不牙碜，无异味，无未融化的糖、盐粗粒。

组织：细腻，有弹性；切面气孔大小均匀，纹理均匀清晰，呈海绵状，无明显大孔洞和局部过硬；切片后不断裂，无明显掉渣。

八、思考题

1. 如何控制条件打出优质的面团？

2. 面团的发酵条件如何控制？

3. 面团应醒发成何种程度？

实验九　蛋挞的制作

一、实验目的

(1) 了解蛋挞的原材配方。
(2) 掌握蛋挞的操作工序。

二、产品简介

蛋挞（图2-9）在台湾被称为蛋塔，它以蛋浆为馅料。烤出的蛋挞外层为松脆的蛋挞皮，内层为香甜的黄色凝固蛋浆。蛋挞皮既可以作为盛器，又可以食用，是方便食品中的又一特色。

图2-9　蛋挞

蛋挞不仅是甜品业中受到大众欢迎的一类甜品，更是目前一种较为流行的居家手工DIY烘焙甜点。蛋挞的普遍做法是：把蛋挞皮放进小圆盆状的模具中，倒入由白砂糖与鸡蛋混合而成的蛋浆，然后放入烤炉烤制即可。具有外脆内软的口感，加上香甜可口的滋味，受到普遍欢迎。蛋挞的馅料以蛋黄液和黄油为主。

三、设备和用具

烤箱、擀面杖、保鲜膜、烤盘、量杯、小秤、砧板、隔热手套。

四、实验材料

黄油250g、中筋面粉300g、冷水150g、黄油20g、全脂牛奶120g、白砂糖 80g、淡奶油 100g、蛋黄 80g。

五、工艺流程

原料预处理 → 和面 → 擀皮 → 捏皮 → 制馅 → 烤制 → 成品

六、操作要点

（一）原料预处理

预先取 250g 黄油，用保鲜膜包裹好，在室温下使其自然软化。

（二）和面

用小秤称出 300g 中筋面粉，倒在砧板上，将中间的面粉堆向四周，使面粉堆成类似火山口的形状。用量杯取 150mL 冷水，徐徐地倒入中空的面粉中，并不停地将面粉与冷水混合。最后将面粉与冷水完全混合均匀，和成一个完整的面团。取 20g 自然软化的黄油放入面团中，用手不停地按压揉搓，直到黄油完全渗入面团中。

（三）擀皮

将和好的面团按成饼状，再将余下的自然软化黄油（230g）放在面饼中间，并用保鲜膜将黄油表面按压呈饼状。将保鲜膜揭下，用底下的面饼将中间的黄油完全裹住，并将上口封严。把包好黄油的面团用保鲜膜包好，放入冰箱冷藏 10min。在砧板上撒少许薄面，将冷藏过的面团用手小心地按成饼状，用擀面杖将面饼擀开擀薄，制成一张厚约 1cm 的长圆形面皮。将擀好的长圆形成皮均分成 3 折，再将左右两段向内折叠，接着轻轻压实。继续将面饼擀压擀开，制成一张厚薄均匀的长方形面皮，接着将长方形面皮均匀分成 3折，继续将左右两段向内折叠，轻轻压实，将面皮叠成一个厚薄均匀的长方形面皮，冷藏 30min。将长方形面皮从较窄的一边卷起，待直径卷至 5cm 时，用刀将面皮斜切断，最后将面皮边缘压实，保鲜膜裹好冷冻 1h。

（四）捏皮

将冻硬的面卷放在室温下解冻，将面卷切成长约 4cm 的小段，每段约25g。将面卷小段放进蛋挞模具中，向四周捻按开（内壁不要留有空隙），直至将面卷捻成一个与蛋挞模具类似的碗状蛋挞皮，将蛋挞皮边缘向上捻起至略高于蛋挞模具边缘，放入冰箱冷藏 10min。

（五）制馅

取 120mL 全脂牛奶，加入 80g 白砂糖，用打蛋器轻轻搅动，使白砂糖充分融化在牛奶中。向混合好的砂糖牛奶中加入 100mL 淡奶油和 50g 蛋黄，再用打蛋器使其均匀混合。最后用细筛网将混合好的挞水过滤一次。

（六）烤制

将混合好的挞水倒入蛋挞模具中，约为 2/3 高度，用 250℃的温度烤制15min 即可。

七、成品特点

形态：蛋挞的馅向内凹陷，中间有自然的黑色斑点。

口感：外脆内软，香甜可口。

八、思考题

1. 为什么包裹黄油时要将面团中的空气排尽？

2. 为什么面团自然解冻不要太软？

实验十　时蔬披萨的制作

一、实验目的

（1）掌握披萨面饼的制作工艺。

（2）掌握时蔬披萨的制作原料和制作流程。

二、产品简介

披萨（pizza）又被称为比萨、比萨饼、匹萨、批萨，是一种发源于意大利，由特殊的酱汁和馅料制作而成的食品，在全球颇受欢迎。披萨通常是在发酵的圆面饼上面覆盖番茄酱、奶酪及其他配料，并由烤炉烤制而成的。所用奶酪通常用马苏里拉干酪，也有混用几种奶酪的形式，包括帕马森干酪、罗马乳酪、意大利乡村软酪或蒙特瑞·杰克干酪、马苏里拉奶酪等。

图 2-10　时蔬披萨

意式披萨主要是手抛披萨，饼底由手抛成型，不需要机械加工，成品饼底呈正圆形，饼底平整，翻边均匀，高 2～3cm，宽 2cm。美式披萨主要是铁盘披萨，饼底由机械加工成型，成品饼底呈正圆形，饼底平整，翻边均匀，高 4～5cm，宽 3cm。

披萨由饼和菜肴两部分组成，是主、副食兼备的食品。饼是用半发酵的小麦粉面团做成托盘形的外皮，菜肴放在饼的顶部。披萨制作流程依次为配料、和面、整形、醒发、铺顶料、焙烤等步骤。披萨的制作过程涉及二氧化碳供用、面团持气性、饼皮焙烤硬化过程等。披萨面饼的膨松过程是由产气物质产生的气体来支撑的，添加 0.7%～0.8% 的碳酸氢钠，就可以满足披萨面饼快速膨松的需要。

上等的披萨必须具备 4 个特质：新鲜饼底、上等芝士、顶级披萨酱和新鲜的馅料。饼底一定要现做，面粉一般选用指定品牌，春冬两季用甲级小麦粉制作而成的饼底外层香脆、内层松软。一般正宗的披萨会选用马苏里拉芝士，这样做出来的披萨容易拉丝且口感醇厚。披萨酱须由鲜美番茄混合纯天然香料秘制而成，具有风味浓郁的特点。

市场上各类披萨名目繁多，其主要分类包括以下几种。

(1) 按大小分类：9in 披萨，建议 1~2 人食用；12in 披萨，建议 2~3 人食用；14in 及以上披萨，建议 3~4 人及以上食用。

(2) 按饼底分类：铁盘披萨、手抛披萨。

(3) 按饼底的成型工艺分类：机械加工成型披萨、饼底全手工加工成型披萨。

(4) 按烘烤器械分类：电烤披萨、燃气烤披萨、木材炉烤披萨。

(5) 按总体工艺分类：意式披萨、美式披萨。

三、设备和用具

打面机、烤箱、擀面杖、保鲜膜、烤盘、量杯、小秤、隔热手套。

四、实验原料

A 组：高筋面粉 1500g、酵母 15g、白糖 150g、鸡蛋 3 个、奶粉 45g、盐 15g、色拉油 150g、牛奶 750g。

B 组：芝士。

表面装饰材料：胡萝卜 500g、青椒 200g、红椒 200g、洋葱 200g、马苏里拉芝士 1500g、青豆 500g、玉米粒 500g、培根 500g、热狗 500g、火腿 500g 等。

五、工艺流程

六、操作要点

(一) 原料预处理

胡萝卜、青椒、红椒、洋葱切丝，芝士切粒状，培根切小片，热狗切片，火腿切片，罐装玉米去水，葱切末，备用。

（二）和面

将 A 组原料中的粉类加水搅拌，缓慢加水，搅拌至拉开面团，薄膜断裂面呈锯齿状（入醒发箱松弛 20min），放入盆中盖好，空调下松弛 10～20min。松弛好后拿出风干，分割成 120g/个的面团，搓圆，烤盘刷油后放入烤盘入醒发箱醒发 25min。

（三）擀面

工作台上撒干粉，擀成圆饼状，用杆车轮来回滚压放入盘中继续醒发 30min（至原高度的 2 倍）。烤成 5 成熟，冷却后放冷冻室备用。

（四）铺食材、撒佐料

取出风干，先挤上蛋液，用裱花袋装番茄沙司，依次在上面撒法香、黑胡椒粉、芝士、玉米粒、胡萝卜、青椒、红椒、洋葱丝、培根、热狗片、火腿，淋上色拉油，撒盐，平撒葱花，挤上沙拉酱，再放上芝士即可入烤箱（可用奶酪代替色拉油）。

七、成品特点

形态：呈焦黄色，色彩缤纷。
口感：面皮酥脆，奶酪融化，齿颊留香。

八、思考题

1. 不同的搅拌速度和搅拌时间对面饼的体积有什么影响？
2. 产气物质含量对面饼品质有何影响？

实验十一 泡芙的制作

一、实验目的

(1) 了解泡芙的制作原理和原料。

(2) 掌握泡芙的加工工艺。

二、产品简介

泡芙（图 2-11）是一种源自意大利的甜食，是西式面点中非常经典的一个品种。蓬松酥脆的表皮中裹着清甜的奶油，一口咬下去，酥香中带着甜蜜，让人回味无穷，是大多数人非常钟爱的一种甜点。泡芙作为吉庆、友好、和平的象征，人们在各种喜庆的场合中，都习惯将其堆成塔状［亦称泡芙塔（croquembouche）］。后来流传到英国，上层贵族下午茶和晚茶中常备泡芙。

图 2-11 泡芙

正统的泡芙，因为外形像圆圆的甘蓝菜，因此法文又名 chou，而长形的泡芙在法文中叫 eclair，意指闪电，该名称的由来不是因为外形，而是因为法国人爱吃长形的泡芙，总能在最短时间内吃完，好似闪电般而得名。泡芙的法文 chou（音舒），也是高丽菜的意思，因两者外形相似而得名。泡芙的中文学名为奶油空心饼。

泡芙的起发原理主要是由面糊中的各种原料及特殊的混合方法决定的。油脂是泡芙面糊中的必需原料，它既有油溶性又有柔软性，配方中加入油脂可使面糊有松软的品质，从而增强面粉的混合性。油脂的起酥性会使烘烤后的泡芙有外表松脆的特点。面粉是干性原料，含有蛋白质、淀粉等多种营养物质。淀粉在适宜水温的作用下可以膨胀、糊化，当水温达到 90℃ 以上时，水分会渗入淀粉颗粒内部，制品体积由此膨大，并产生一定黏度，能使面坯粘连，形成泡芙的骨架。

泡芙面糊中需要足够的水，这样才能使其在烘烤过程中产生大量蒸气，充满正在起发的面糊，使制品胀大并形成中空，气鼓的名称由此而来。

鸡蛋在面糊中也很重要，把鸡蛋加入烫好的面团内使其充分混合，鸡蛋中的蛋白质可使面团具有延伸性，同时当气体膨胀时会使蛋白质凝固，使增大的体积固定。鸡蛋中的蛋黄具有乳化性，可使面糊变得柔软光滑。

三、设备与用具

烤箱、电磁炉、刮刀、擀面杖、油纸、电动打蛋器、软刮。

四、实验原料

（1）泡芙皮原料：黄油 75g、糖粉 92g、低筋面粉 92g。

（2）泡芙糊原料：牛奶 250g、水 250g、白糖 10g、盐 50g、黄油 200g、高筋面粉 350g、鸡蛋 500g。

（3）馅料：淡奶油 300g、白糖 30g、香草精适量。

五、工艺流程

六、操作要点

（一）准备工作

将烤箱提前打开预热，温度调至上火 210℃，下火 190℃。

（二）泡芙皮制作

将黄油和糖粉混合均匀，加入过筛好的低筋面粉，用折叠的手法翻拌均匀，铺上油纸，用擀面杖隔着油纸将泡芙皮擀至 1.5～2mm 的厚度，放入冰箱冷藏 20min 备用。

（三）泡芙糊制作

将牛奶、水、黄油、白糖、盐放入锅中，加热煮至沸腾后将高筋面粉倒入锅中，调小火，大力搅拌均匀后关火，继续搅拌至手背触摸不烫。然后将鸡蛋逐个加入，用电动打蛋器搅拌均匀，至面糊出现倒三角形即可。

（四）盖皮

将做好的面糊装入裱花袋，挤出直径为 4cm 的圆球，在上边刷上一层蛋黄液，盖上从冰箱取出的泡芙皮。

（五）烘烤

放进烤箱烘烤，烤20min。不能立刻出炉，要将烤箱关掉让其焖3min左右再出炉，晾凉备用。

（六）成型

将淡奶油与糖一起打发至8成，装至裱花袋，呈鸡尾状即可。待泡芙晾凉后，切开填上奶油后盖住。

七、成品特点

形态：表面呈金黄色，色泽均匀一致。

口感：蓬松酥脆，有着清甜的奶香。

八、思考题

1. 在制作奶油泡芙的过程中应注意哪些问题？
2. 在烘烤泡芙的过程中为什么需要改变温度？

实验十二　菌菇面包的制作

一、实验目的

（1）了解菌菇面包制作的基本原理。

（2）掌握菌菇面包馅料的制作过程和操作方法。

二、产品简介

面包因食用方便、味道可口而成为国民喜爱的烘焙类面食之一，在我国乃至全世界的销售量巨大。随着人们生活水平的提高，人们对产品的感官、品质要求也越来越高，更加追求产品的多元化。市场上常见的几款面包，如肉松面包、红豆面包、奶油面包等已不能满足更多人对面包的种类及品质的追求。本实验要介绍一种新的面包产品——菌菇面包（图2-12）这款面包的面粉里加入了猴头菇粉和茯苓粉，有健胃、健脾、抗癌、补肾等功效；面包的内馅中包裹了两款口味，一款是茶树菇培根孜然风味，另一款是香菇奶酪芝士风味，满足了人们对甜咸的不同需求，老少皆宜。食用菌菇中含大量对人体有益的生理活性物质，如氨基酸、高蛋白、维生素等，长期食用可以提高机体免疫力，改善人体的新陈代谢能力，符合人们健康营养的饮食理念。除此之外，菌菇面包用茶多糖代替普通糖，菌菇类和茶多糖都有着抗氧化的作用，可延长面包的保质期，增加其货架期。

图2-12　菌菇面包

三、设备与用具

面包发酵箱、电烤箱、打面机、烤箱、擀面杖、保鲜膜、烤盘、量杯、小秤、隔热手套。

四、实验原料

（一）面团原料

面包粉 500g、猴头菇粉 20g、茯苓粉 10g、盐 4g、茶多糖 20g、细砂糖 70g、酵母 5g、奶粉 30g、鸡蛋 48g、面包改良剂 3g、牛奶 90g、水 170g、牛奶黄油 50g。

（二）馅料

（1）香菇奶酪芝士风味：香菇 50g、奶酪 50g、芝士碎 50g、牛奶 100g、糯米粉 30g。

（2）茶树菇培根孜然风味：茶树菇 20g、培根 40g、葱 10g、姜 5g、蒜 5g、椒盐 2g、孜然 1g。

（三）淋面材料

低筋面粉 150g、炼乳 150g、牛奶 150g、可可粉 10g。

（四）菌菇酸奶原料

纯牛奶 500mL、风味酸牛奶（接菌种）100g、适量糖、糖渍后的新鲜香菇粒和金针菇碎丝。

五、工艺流程

面团制作 → 松弛 → 整形 → 醒发 → 装饰 → 烘焙 → 成品

六、操作要点

（一）面团制作

把除盐和黄油外的材料（面包粉、猴头菇粉、茯苓粉等）加入打面机中高速搅拌，搅打至五六成筋（拉开面团，薄膜断裂面有锯齿孔状）。加入盐和黄油，低速搅拌至黄油被面团吸收，转高速搅打至 10 成筋（拉开面团可以形成光滑的薄膜）。

（二）松弛

整形揉圆，封上保鲜膜，进行基础发酵（时间为 60min，温度为 28℃，湿度为 80%）。把发酵后的面团分割成若干相等的小团，然后松弛 20～30min，温度为 28℃，湿度为 80%。

（三）整形、醒发、装饰

整形包入两款特制内馅，进行二次发酵（时间为 60min，温度为 30℃，湿度为 80%）。在碗中加入牛奶、炼乳，过筛的低筋面粉分 3 次加入，搅拌均匀，装入裱花袋，将淋面酱由内向外绕圈淋在面包处，筛上可可粉/抹茶粉。

（四）烘焙

放入烤箱烤 15min，烤好后冷却即可食用。

备注：

菌菇酸奶制作：将制作酸奶的容器杀菌，倒入 100g 风味酸牛奶，再加入 500g 纯牛奶，充分搅拌，使菌种分布均匀，放入 40～45℃环境下恒温发酵 6～8h，凝固冷藏一段时间，加入糖渍后的香菇粒即可。

七、成品特点

形态：呈可爱的蘑菇形状，表面有咖色花纹或多彩的圆点，给人耳目一新的视觉体验。

口感：馅料满溢，有甜有咸。

菌菇酸奶：将新鲜香菇和金针菇切成颗粒，煮熟糖渍后代替市场上常见的水果粒加入酸奶中，一口喝下去，酸奶的醇香伴着如椰果口感般爽滑的菌菇，营养健康又美味。

八、思考题

1. 菌菇面包的制备过程中还可以有哪些方法使造型更精致？
2. 菌菇酸奶的营养成分与成本与普通酸奶有何不同？

实验十三　枸杞子养生面包的制作

一、实验目的

（1）学习枸杞子的相关知识。

（2）学会枸杞子养生面包的制作方法。

二、产品简介

枸杞子被广泛地应用在各种食品中，枸杞子养生面包（图2-13）就是其中的一种类型。枸杞子含有丰富的枸杞多糖、β-胡萝卜素、维生素E、硒及黄酮类等抗氧化物质，有较好的抗氧化作用。枸杞子可对抗自由基过氧化，减轻自由基过氧化损伤，从而有助于延缓衰老。对于现代人来说，枸杞子最实用的功效就是抗疲劳和降低血压。此外，枸杞子还能够保肝，降血糖，软化血管，降低血液中的胆固醇、甘油三酯水平，对脂肪肝和糖尿病患者具有一定的疗效。此类面包因枸杞子的加入，增加了面包的营养保健功效，深受人们的喜爱。

图2-13　枸杞子养生面包

三、设备与用具

电子秤、打面机、发酵箱、烤箱、不锈钢盆、打蛋器、大漏勺、刀具、盘子。

四、实验原料

高筋面粉 500g、白砂糖 95g、奶油 60g、酵母 6g、全蛋液 50g、盐 5g、改良剂 2.5g、清水 275g、枸杞子 125g。

五、工艺流程

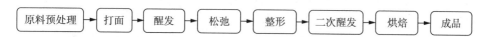

原料预处理 → 打面 → 醒发 → 松弛 → 整形 → 二次醒发 → 烘焙 → 成品

六、操作要点

（一）原料预处理

将高筋面粉、酵母、改良剂、白砂糖拌匀。

（二）打面

加入全蛋液、清水慢速拌匀，转快速搅拌 1～2min，加入奶油、盐拌匀，快速搅拌至面筋扩展，加入枸杞子搅拌均匀。

（三）醒发

取出面团，盖上保鲜膜醒发 25min，温度为 31℃，湿度为 75%。

（四）松弛

把发酵好的面团分成每个 100g 的小面团滚圆，松弛 20min。

（五）整形

把松弛好的小面团滚圆至光滑，放入小杯形模具中。

（六）二次醒发

将整形后的面团放入烤盘，进发酵箱中发酵 75min，保持温度 37℃、湿度 80%。

（七）烘焙

将面团扫上全蛋液（分量外），用剪刀剪口，以上火 185℃、下火 195℃ 烤 15min 左右。

七、成品特点

形态：组织蓬松，外表金黄，外形美观。
口感：松软可口，香甜细腻，味道可口。

八、思考题

1. 在制作枸杞子养生面包的过程中要注意哪些问题？
2. 枸杞子养生面包制作过程中的关键步骤是什么？

实验十四　起酥叉烧面包的制作

一、实验目的

（1）学习起酥叉烧面包的相关知识。

（2）学习起酥叉烧面包的制作方法。

二、产品简介

起酥面包是由多层薄如纸张的酥皮叠制而成的，口感松脆酥软。叉烧包是饮茶时必备的点心，以切成小块的叉烧加入调料，外面以面粉包裹，放入蒸笼中蒸熟而成，成品香味四溢。起酥叉烧面包（图 2 - 14）将两者进行结合，馅料饱满、外表酥脆，深受消费者喜爱。

图 2 - 14　起酥叉烧面包

三、设备与用具

电子秤、打面机、不锈钢盆、打蛋器、发酵箱、烤箱、大漏勺、刀具、盘子。

四、实验原料

高筋面粉 2500g、白砂糖 450g、淡奶油 135mL、鲜奶油 65g、酵母 25g、蜂蜜 45mL、奶粉 12g、全蛋液 250g、盐 25g、改良剂 10g、清水 1300g、奶油 250g、起酥皮适量、叉烧馅适量。

五、工艺流程

六、操作要点

（一）和面

将高筋面粉、酵母、改良剂、奶粉和白砂糖拌匀；加入蜂蜜、全蛋液、淡奶油和清水慢速拌匀，转快速搅拌至七八成筋度；加入鲜奶油、奶油、盐拌匀至起筋。

（二）松弛

取出面团，松弛 20min，将面团分割成每个 60g 的小面团；再松弛 20min，用手压扁排气。

（三）包馅整形

面团中包入叉烧馅，捏紧收口，放入纸模中；把松弛好的小面团；滚圆至光滑，放入小杯形模具中。

（四）醒发

将包好的面团排入烤盘，进发酵箱中醒发约 80min，保持温度 38℃、湿度 75%。

（五）烘焙

将醒发好的面团扫上全蛋液，放上两块起酥皮，入烤箱上火 190℃、下火 160℃烤 15min 左右。

七、成品特点

形态：组织蓬松，金黄酥脆，香气四溢。
口感：松软可口，香甜细腻，味道酥脆。

八、思考题

1. 在制作起酥叉烧面包的过程中要注意哪些问题？
2. 起酥叉烧面包制作过程中的关键步骤是什么？

实验十五　全麦核桃面包的制作

一、实验目的

（1）学习核桃的一些营养知识。

（2）学习全麦核桃面包的制作方法。

二、产品简介

全麦面包是指用没有去掉外面麸皮和胚芽的全麦粉制作的面包，麸皮部分富含丰富的 B 族维生素、蛋白质和膳食纤维，有助于减肥和预防糖尿病。核桃的营养价值很高，含有大量的不饱和脂肪酸、蛋白质和多种维生素等物质，对人体健康有极大的益处。

全麦核桃面包（图 2-15）是在全麦面包中加入核桃制作而成的，既改善了食物的口感，也增加了食物的营养价值，促进消化，扩大食用人群。

图 2-15　全麦核桃面包

三、设备与用具

电子秤、和面机、不锈钢盆、打蛋器、发酵箱、烤箱、刀具、盘子。

四、实验原料

高筋面粉 1500g、全麦粉 500g、酵母 25g、奶粉 20g、改良剂 65g、乙基麦芽粉 10g、黄油 100g、清水 1300g、盐 20g、核桃仁适量。

五、工艺流程

六、操作要点

（一）酵母活化

25g 水中加入 1.5～1.8g 糖混匀成糖液，再加入酵母搅拌均匀。将酵母液放入 36℃温水中 15min，待酵母液产生大量气泡，即活化完成。

（二）和面

将面粉与其他材料混合，和面机慢速搅打面团 5min 后，面团拉成薄膜，断裂边缘呈锯齿状；加入黄油、盐，继续快速搅打 15min 左右，面筋完全扩展，面团形成一层薄薄的手套膜，即打面完成。

（三）松弛

面团进行第一次发酵（温度为 36℃，湿度为 80%，时间为 20min）。

（四）整形

将松弛好的面团分割，用擀面杖来回滚压，使气泡全部排出，使面包成品组织气孔均匀。排气后的小面团沾上核桃仁，滚圆，将核桃仁收到面团里面。

（五）醒发

将整形后的面团装入模具，进行第二次发酵（温度为 36℃，湿度为 80%，时间为 90min）。

（六）烘烤

在发酵好的面团表面划几刀，入烤箱烘烤，上火 250℃、下火 180℃烘烤 25min，烤好即可出炉。

（七）脱模

面包出炉后需要迅速脱模，因为出炉后面包的热量、水分平衡将被破坏。在模具内面包表面的降温水平大于面包内部，会使面包表面起皱纹，还有可能使面包组织塌陷收缩，完全变形。

（八）冷却

面包脱模后在空气中静置冷却。未冷却的面包如果切割，则会使面包内部组织撕裂，食用口感会低于冷却后的面包。

七、成品特点

形态：组织蓬松，外形独特。

口感：松软可口，味道最佳，核桃仁分明。

八、思考题

1. 在制作全麦核桃面包的过程中要注意哪些问题？

2. 全麦核桃面包制作过程中的关键步骤是什么？

实验十六　黑麦面包的制作

一、实验目的

（1）掌握黑麦面包的制作方法。

（2）理解黑麦面包制作的基本原理。

二、产品简介

黑麦面包（图2-16）最初源于德国，但是欧洲各地都有黑麦种植，黑麦面包在芬兰、丹麦、俄罗斯、拉脱维亚、立陶宛、爱沙尼亚、波兰和斯洛伐克都是最主要的面包品种。6世纪，黑麦面包由丹麦传入英国。黑麦面包有很多种类，包括只含黑麦的面包，黑麦小麦均有的面包和硬黑麦面包。根据成分不同，其颜色也深浅不一，一般比以小麦制成的白面包深，也含有更多的膳食纤维和铁。黑麦面包的香味和结构相当独特，与小麦面包不同，酸性发酵和较高的酸度在黑麦面包的制作过程中扮演了重要的角色。

图2-16　黑麦面包

黑麦面包可变换多种样式，属于重量级面包，历史上曾出现过单个 30kg 的黑麦面包。黑麦面包体积大，并且具有丰富的营养物质，起初是在饥荒年代由政府派发给穷人的过渡食品。黑麦粉是由黑小麦研磨制成的，营养成分极高，主要成分有蛋白质、淀粉、矿物质等。黑麦粉中缺乏麦谷蛋白质，所以无法形成强韧的面筋网络。如果只用黑麦粉来制作面包，则面团是不易包裹住气体的，只具有黏性而没有弹性，不能制作面包。此外，黑麦面粉中的戊聚糖含量很高，戊聚糖对于面团的成型和烘烤有一定的影响作用，吸水性较好，能帮助增强面包的保水性，延长面包的保质期。黑麦面团含水量较高，整体较黏，一般要使用藤碗来完成发酵，帮助成品定型。可选择的藤碗类型比较多，最好选择带布藤碗，这样既可以帮助产品保湿，也可以防止面团粘在藤碗上。同时，需要注意黑麦面团的表面要保湿，否则表面易产生干皮，烘烤后的面包表皮就会非常厚。

三、设备与用具

藤碗、烤箱、发酵箱、电子秤、打面机、不锈钢盆、打蛋器、刀具、盘子。

四、实验原料

黑麦粉 1000g、鲜酵母 5g、食盐 22g、固体酵种 550g、水（65℃）950g。（可制作约 20 个奥利弗涅黑麦面包。）

五、工艺流程

六、操作要点

（一）准备工作

将鲜酵母放置于少量冷水中，使得酵母溶解即可；将水加热至 65℃备用；准备藤碗。

（二）打面

将除鲜酵母以外的所有材料倒入搅拌缸中；低速搅拌 4min 左右，使得原料充分混合均匀，并使得面团温度有所下降；加入酵母溶液，中速搅打约 8min，搅打至面团成团；快速搅打 1~2min，使得面团表面光滑即可（面团温度在 38℃左右）。

（三）基础发酵

将面团取出放置于盆中，室温醒发 90min。

（四）分割、整形

在藤碗中筛入面粉，将面团平均分成两份，将面团四周轻轻拢入面团内部中心处，使得面团呈圆形。

（五）醒发

将分割好的面团放置于藤碗中，表面盖上保鲜膜，将其放置于室温醒发 45min，之后将其放置于冰箱（1℃）冷藏 15min，使其在烘烤过程中呈现更多的裂口。

（六）烘烤

将醒发好的面团入入烤箱，上火 250℃，下火 250℃，喷蒸汽 5s，烘烤 5min，使面团快速膨胀；再将烤箱温度调至上火 220℃、下火 220℃，烘烤 50～60min 即可。

备注：

（1）因黑麦粉没有面筋，所以需要用 65℃的水来和面，使淀粉糊化。

（2）在制作面团时，鲜酵母须用冷水化开后加入，避免酵母遇热失去活性。

（3）手粉和筛粉使用黑麦粉，黑麦粉较干燥，不易被面团弄潮，更有助于面包产生裂纹。

（4）面团成形时，使用发酵布可以避免其粘桌面，有利于操作。

（5）黑麦面包酸性较大，目前在国内这类面包的普及性并不高。在实践中，可以选用少部分小麦粉与黑麦粉搭配制作，减少一定的酸度。

七、成品特点

形态：结实有重量感，面包心湿润，组织较松散，膨胀性略差。

口感：具有芳香和柔和的酸味，有黏性。

八、思考题

1. 黑麦面包的特点有哪些？

2. 黑麦面包的制作过程与常规面包的制作过程有哪些不同？

实验十七　奶酪大虾三明治的制作

一、实验目的

（1）掌握奶酪大虾三明治的制作方法。

（2）理解奶酪大虾三明治制作的基本原理。

二、产品简介

在欧洲地区，三明治是作为主食存在的，尤其是对于稍不富裕的人群。三明治整体很注重营养搭配，其多采用法式面包、德式面包、吐司面团来搭配组合，在与各式蔬菜、芝士、肉类等混合时，还会加入各式的酱料来调节味感。因为搭配自由，所以三明治的热量就显得"不太受控"，在制作时，需要结合实际进行考量。

图 2-17　奶酪大虾三明治

三、设备与用具

烤箱、发酵箱、电子秤、打面机、不锈钢盆、打蛋器、刀具、盘子。

四、实验原料

（1）面团原料：高筋面粉（T65 面粉）800g、黑麦粉（T85 面粉）200g、固体酵种 200g、水 650g、鲜酵母 10g、食盐 10g、棕色亚麻籽 25g、粗颗粒玉米粉 25g、浸泡水 50g。

（2）馅料：苦菊、苦苣、生菜、熟大虾适量，奶酪、芥末籽芥末调味酱、亨氏沙拉醋适量。

（以上原料可制作约 12 个菲达奶酪大虾三明治。）

五、工艺流程

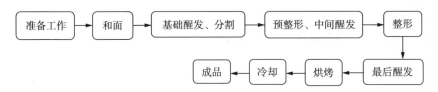

六、操作要点

（一）准备工作

在大虾中加入适量的芥末籽芥末调味酱，搅拌均匀；在蔬菜中加入适量的亨氏沙拉醋，搅拌均匀，调节水温。将棕色亚麻籽和粗颗粒玉米粉放入浸泡水中备用。

（二）和面

将高筋面粉、黑麦粉和水倒入面缸中，慢速搅拌 3～5min，搅拌至无干粉状态；加入食盐、鲜酵母、固体酵种，搅拌均匀，用中速或快速搅拌至面团能拉出薄膜状，再加入浸泡好的棕色亚麻籽和粗颗粒玉米粉，慢速搅拌均匀，至面团光滑细腻、能拉出薄膜。

（三）基础醒发、分割

取出面团，放入发酵箱中，盖上保鲜膜，室温下（26℃）基础发酵 50min，翻面，继续发酵 40min。将发酵好的面团取出分割，每个面团为 160g。

（四）预整形、中间醒发（松弛）

用手将面团拍平，折叠呈椭圆形；将面团接口朝下，放在发酵布上，室温发酵 30min。

（五）整形

取出发酵好的面团，用手掌按压面团，使其排出多余的气体，将面团较为平整的一面朝下，从远离身体的一侧开始，折叠约 1/3，用手掌的掌根处将对接处按压紧实，用双手将面团搓成长约 18cm 的橄榄长条。

（六）最后醒发

放置于室温（26℃）环境下发酵 50～60min。

（七）烘烤

取出面团，表面筛上面粉，用割包刀在面团中心处划出一道刀口。以上火 240℃，下火 230℃，喷蒸汽 5s，烘烤 18min，观察面包的色泽是否均匀。

（八）冷却

在出炉前 3～5min 打开风门（面包更加硬脆），出炉后将面包放置在网架上冷却，冷却后用锯刀切开，切记不要切断。在切好的面包中间抹一层芥末籽芥末调味酱，放入苦苣、苦菊、生菜、奶酪、大虾即可。

备注：

（1）面团整形时，使用发酵布能避免其粘桌面，有利于操作。

（2）烘焙时使用落地烘烤（直接将面包放置于烤箱中烘烤，不使用烤盘等承载工具）。

七、成品特点

形态：组织蓬松，色彩斑斓，造型美观。

气味：奶酪香气四溢。

口感：松软可口，香甜细腻，味道鲜美、营养丰富。

八、思考题

二次醒发对成品品质有何影响？

实验十八　黑眼豆豆餐包的制作

一、实验目的

（1）掌握黑眼豆豆餐包的制作方法。

（2）理解黑眼豆豆餐包制作的基本原理。

二、产品简介

黑眼豆豆餐包（图 2-18）是以高筋面粉、可可粉、深黑可可粉、酵母、牛奶、白糖、精盐、鸡蛋、熟芝麻、黄油为原材料制作而成的。餐包的质地较吐司更加柔软，配方中使用较多的糖和油，也会加入多种馅料或者夹心。

图 2-18　黑眼豆豆餐包

三、设备与用具

烤箱、发酵箱、电子秤、打面机、不锈钢盆、打蛋器、刀具、盘子。

四、实验原料

高筋面粉（T45 面粉）250g、红糖 40g、鲜酵母 10g、食盐 5g、可可粉 10g、深黑可可粉 5g、水 162.5g、黄油 20g、耐烘烤巧克力豆 180g，蛋液 100g。（可制作约 12 个黑眼豆豆餐包。）

五、工艺流程

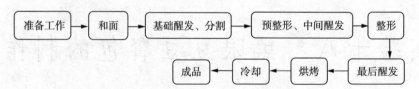

六、操作要点

（一）准备工作

调节水温，准备耐烘烤巧克力豆，将鸡蛋充分打散并过滤，为后期面团的表面刷蛋液。

（二）成形

将除黄油以外的所有材料倒入面缸中，以慢速搅拌均匀，成团至无干粉状。转为快速搅打至面筋扩展阶段，此时面筋具有弹性及良好的延伸性，并能拉开较好的面筋膜。加入黄油，以慢速搅拌均匀，转为快速搅打至面筋完全扩展阶段，此时面筋能拉开大片面筋膜且面筋膜薄，能清晰地看到手指纹。

（三）基础醒发、分割

取出面团，盖上保鲜膜，放置在室温环境下基础发酵 60min。取出面团，将其分割成每个 40g 的面团，整为基础圆形。

（四）预整形、中间醒发（松弛）

将小面团滚圆，并盖上保鲜膜放置在室温环境下松弛 15min。

（五）成形

取出一个面团，手掌微微凹陷将面团压至中间稍厚、两边较薄。将面团放置于手中，用手半握并包入 15g 耐烘烤巧克力豆，将接口处捏紧。

（六）最后醒发

将面团放入醒发箱，以温度 30℃、相对湿度 80％发酵 45min。

（七）烘烤、冷却

在表面用毛刷刷上一层蛋液，以上火 200℃、下火 190℃入烤箱烘烤 8～10min，出炉震盘冷却即可。

七、成品特点

形态：组织蓬松，造型美观，憨态可掬。

气味：奶酪香气四溢。

口感：松软可口，有浓郁的可可味，味道鲜美。

八、思考题

1. 餐包的使用优势在哪里？
2. 制作优质的餐包有哪些注意事项？

附例 1：红豆奶酪餐包的制作

一、实验原料

（1）主料：高筋面粉（T45 面粉）250g、牛奶 112.5g、鲜酵母 10g、食盐 5g、细砂糖 50g、固体酵种 50g、全蛋液 50g、黄油 50g。

（2）辅料：红豆沙 300g、蜜红豆 160g、奶油奶酪 120g、香草荚半根、黑芝麻适量。

（以上原料可制作约 12 个红豆奶酪餐包。）

二、制作过程

（一）准备工作

调节水温；将香草荚取籽后与细砂糖充分拌匀，便于后期搅拌分散；制作馅料备用；将鸡蛋充分打散并过滤，用于为后期需要烘烤的面团表面刷蛋液。

（二）打面

将除黄油以外的所有材料倒入面缸中，以慢速搅拌均匀，成团至无干粉状；转为快速搅打至面筋扩展阶段，此时面筋具有弹性及良好的延伸性，并能拉开较好的面筋膜；加入黄油，以慢速搅拌均匀，转为快速搅打至面筋完全扩展阶段，此时面筋能拉开大片面筋膜且面筋膜薄，能清晰地看到手指纹。

（三）基础醒发、分割

取出面团，盖上保鲜膜，放置在室温环境下基础发酵 60min。取出面团，将其分割成每个 40g 的面团，整成基础圆形。

（四）预整形、中间醒发（松弛）

将小面团滚圆，并盖上保鲜膜放置在室温环境下（26℃）松弛 15min。

（五）整形、最后饧发

取出一个面团，手掌微微凹陷将面团压至中间稍厚、两边较薄。将面团放置于手中，用手半握并包入 40g 红豆奶酪馅，将接口处捏紧。将面团放入发酵箱，以温度 30℃、相对湿度 80％发酵 45min。

（六）烘烤

在面团表面用毛刷刷上一层蛋液，用擀面杖一端粘上适量黑芝麻放在面包的表面中间部位。以上火 200℃、下火 190℃入烤箱烘烤 8～10min，出炉震盘冷却即可。

附例 2：南瓜餐包的制作

一、实验原料

（1）主料：高筋面粉（T45 面粉）250g、细砂糖 30g、全蛋液 30g、鲜酵母 8g、食盐 4g、黄油 20g、蜂蜜 8g、奶粉 5g。

（2）辅料：南瓜果蓉 100g、蔓越莓干 45g、南瓜子（熟）25g。

（以上原料可制作约 12 个南瓜餐包。）

二、制作过程

（一）准备工作

调节水温；蔓越莓干提前用朗姆酒浸泡一夜，使其更加入味；将鸡蛋充分打散并过滤，用于为后期需要烘烤的面团表面刷蛋液。

（二）打面

将除黄油以外的所有材料倒入面缸中，以慢速搅拌均匀，成团至无干粉状；转为快速搅打至面筋扩展阶段，此时面筋具有弹性及良好的延伸性，并且能拉开较好的面筋膜；加入黄油，以慢速搅拌均匀，转为快速搅打至面筋完全扩展阶段，此时面筋能拉开大片面筋膜且面筋膜薄，能清晰地看到手指纹；加入南瓜子和蔓越莓干搅拌均匀。

（三）基础醒发、分割

取出面团，盖上保鲜膜，放置在室温环境下基础发酵 60min。取出面团，将其分割成每个 45g 的面团。

（四）预整形、中间醒发（松弛）

将小面团滚圆，盖上保鲜膜放置在室温环境下松弛 15min。

（五）整形、最后醒发

取出一个面团，手掌微微凹陷将面团压至中间稍厚两边较薄。将面团放置于手中，用手半握并包入 40g 南瓜果蓉，将接口处捏紧。将面团放入发酵箱，以温度 28℃、相对湿度 80％发酵 50min。在发酵好的面团表面用毛刷刷上一层蛋液。

（六）烘烤

在面团表面中间部分用剪刀剪出 8 个刀口，以上火 200℃、下火 190℃入烤箱烘烤 8～10min，出炉震盘冷却即可。

实验十九　吐司的制作

一、实验目的

(1) 学习吐司的相关知识。

(2) 学习吐司的制作方法。

二、产品简介

吐司（图 2-19）是英文 toast 的音译，粤语称多士，是西式面包的一种，在欧美式早餐中常见，在中国香港的茶餐厅中也有。吐司是用长方形带盖或不带盖的烤听制作的听型面包，为长方圆顶形，类似长方形大面包。吐司经切片后呈正方形，夹入火腿、鸡肉片或火鸡肉片、咸肉、莴苣、番茄等即为三明治，作为早餐，营养价值丰富，深受人们的欢迎。

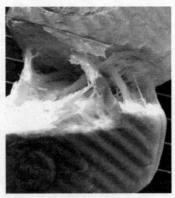

图 2-19　吐司

三、设备与用具

电子秤、打面机、不锈钢盆、打蛋器、发酵箱、烤箱、大漏勺、刀具、盘子。

四、实验原料

高筋面粉 1000g、低筋面粉 250g、酵母 15g、改良剂 3g、白砂糖 100g、全蛋液 100g、鲜牛奶 150g、清水 400g、奶粉 25g、盐 23g、淡奶油 150g。

五、工艺流程

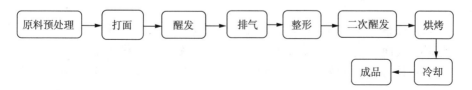

六、操作要点

（一）原料预处理

将牛奶加热至 38℃左右，加入酵母搅匀，制成发酵水。

（二）打面

将高筋面粉、全蛋液、白砂糖、盐、奶粉、汤种、淡奶油加入打面机搅拌均匀；加入发酵水，搅打至面团表面比较光滑；加入 20g 黄油继续摔揉至面筋完全扩展阶段（即出现有韧性且透光的薄膜，用手指捅破后呈现光滑的圆圈形）。（揉面阶段约 16min，要注意摔揉的力量和速度。）

（三）醒发

将面团盖上保鲜膜置于发酵箱，发酵至两倍大，用手指粘面粉在面团上戳一个洞，洞口不会回缩。（此过程大约 40min，在此空闲时间可将吐司模刷上一层黄油。）

（四）排气

取出面团，轻轻用手拍去面团内的空气，将其分割为两份，滚圆，松弛（此过程为中间发酵，用时 15min，在此空闲时间可将烤箱预热到 160℃。）

（五）整形

将两个面团用擀面杖擀成椭圆形，将擀好后的面团反过来，使光滑面朝下，从上往下卷起来。

（六）二次醒发

将面包卷放入吐司模，盖上保鲜膜，置于发酵箱醒发至吐司模的 7～8 分满。

（七）烘焙

将醒发好的面包卷放入烤箱中，以温度 160℃烘焙 30min。（具体时间可根据烤箱决定）。烤制好后趁热取出脱模，冷却。

备注：

汤种制作：高筋面粉加水搅匀，放入锅内小火加热至 65℃（没有温度计的可以通过观察表面出现的纹路及浓稠情况确定），加热期间要不停搅拌，做好之后放凉即可称量使用。剩余的汤种在保持干净的情况下，密封冷藏可备下次使用，可保存 1～2 天。一旦出现汤种面糊变灰，就不可再使用。

七、成品特点

形态：完整，无缺损、龟裂、凹坑，表面光洁，无白粉和斑点。

色泽：表面呈金黄色和淡棕色，均匀一致，无烤焦、发白现象。

气味：具有烘烤和发酵后的面包香味，并具有经调配的芳香风味，无异味。

口感：松软适口，不粘牙，不牙碜，无异味，无未融化的糖、盐粗粒。

组织：细腻，有弹性；切面气孔大小均匀，纹理均匀清晰，呈海绵状，无明显大孔洞和局部过硬；切片后不断裂，并无明显掉渣。

八、思考题

1. 面团的发酵条件如何控制？
2. 面团应醒发成何种程度？
3. 制作吐司的过程中要注意哪些问题？
4. 吐司制作过程中的关键步骤是什么？

实验二十　多层派面饼的制作

一、实验目的

（1）掌握多层派面饼的制作方法。

（2）理解多层派面饼制作的基本原理。

二、产品简介

多层派面饼（图 2-20）又称千层酥皮，主要是由黄油和面团做成的薄薄的多层叠加的面饼。"千层"有着薄片的意思，法式风格的多层派面饼的折叠次数很多，酥脆轻薄；意大利风格的多层派面饼的折叠次数较少，每层较厚，有面饼的韧劲，同酥挞皮一样，咸味比较突出。此外，多层派面饼夹馅所用的黄油中也会加入面粉，这会使面饼很难膨胀起来，但黄油的存在也会使面饼不瘪，成品品质较好。

图 2-20　多层派面饼

三、设备与用具

电子秤、打面机、不锈钢盆、打蛋器、砧板、发酵箱、烤箱、筛子、金属板、叉子、刀具、盘子。

四、实验原料

（1）面团原料：面粉（T 0）500g、凉水 295g、盐 25g。

（2）夹馅用黄油：黄油（常温）750g、面粉（T 00）250g。

（以上原料可制成约 1.8kg 的多层派面饼。）

五、工艺流程

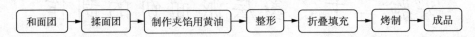

和面团 → 揉面团 → 制作夹馅用黄油 → 整形 → 折叠填充 → 烤制 → 成品

六、操作要点

（一）和面团

将面粉和盐倒入不锈钢盆中，用打蛋器搅拌，加凉水后用手和面，最后揉成面团，将面团取出放到砧板上揉捏。

（二）揉面团

将面团揉圆，压平后用塑料袋包上，放入冰箱中冷藏 1h。在揉面团时，如果拉伸面团让它变薄，则面团会裂开，韧劲会减弱，做不出好的面饼；要轻柔地推拉，要一边旋转 90°一边从中间开始揉圆。

（三）制作夹馅用黄油

碗中倒入黄油和面粉，用手指压碎黄油并与面粉充分搅拌；将其放入大的厨房用薄纸上，纸的两边叠起盖在上面，用手压好四周做出规整的模样；最后用擀面杖擀出厚 1.5cm、长 28cm、宽 22cm 的长方体，装进塑料袋中放到冰箱冷藏 1h。

（四）整形

面团下面撒上扑粉，放到同样撒上扑粉的砧板上，用擀面杖擀成宽 27cm、长 45cm 左右的长方形面团。

（五）折叠填充

在面团上面放上制作好的夹馅用黄油，将超出黄油边的面团（超出部分为面团的 1/3 长度）折叠放到黄油上面，之后再对折（一共是 3 折）。拉伸面团折叠的 3 边后，把拉伸出来的部分紧紧地粘到面团下面，让整个面饼看不到里面的黄油。这是第一次 3 折叠。面饼上撒扑粉，纵向用擀面杖将其擀成长度约 50cm 的面饼，用刷子扫落剩下的扑粉（以后也要随时撒上扑粉并用刷子扫落），用擀面杖压实外面有些挤出的面饼，整体再折 3 折。这是第二次折叠。将面饼旋转 90°纵向拉伸，短边压实后折 3 折。这是第三次折叠。将面团装进塑料袋中放到冰箱冷藏 30～60min，取出面饼，纵向拉伸折 3 次，旋转 90°拉伸后折叠。这是第四次折叠（此次非折 3 折）。装入塑料袋中放进冰箱冷藏 30～60min。

（六）烤制

取出所需面团，拉长为厚度为 2～3mm 的面饼，切成适当的大小，放到金属板上用叉子插孔，用保鲜膜包上放到冰箱冷藏 30～60min。将冷藏好的面饼放入 210℃的烤箱中烤 10min 左右，温度下降为 200℃后再烤 10min。

备注：

（1）在第四次折叠的步骤中，先将两边放到中心线上面，压时稍微重叠，将重叠的部分用擀面杖轻轻压平，下次就以这条中心线为轴对折。

（2）在烤制多层派面饼时要把烤箱的风扇关上，在面饼胀起来之前不能打开烤箱门。非常重要的一点是，烤制时不要让蒸气漏出去，保障烤箱中的高湿度。如果烤箱内干燥，则很容易只烤到面饼表面而中间没有烤熟。

（3）多层派面饼会膨胀得厉害，而有的蛋糕需要抑制膨胀。抵制膨胀的方法一般是在每层压缩后烤制时，在 210℃的烤箱中烤 15min 让面饼稍带黄色，在快要膨胀起来时放到金属网上再烤制 5min 即可。

七、成品特点

形态：色泽金黄，层次清晰。
口感：酥脆适口，香醇回甘。

八、思考题

多层派面饼折叠填充时有哪些注意事项？

实验二十一　卡仕达酱的制作

一、实验目的

（1）掌握卡仕达酱的制作方法。

（2）理解卡仕达酱制作的基本原理。

二、产品简介

卡仕达酱（Custard cream，如图 2-21 所示）也被称为吉士酱，是意大利点心中使用范围最为广泛的一种基础奶油，也是制作法式甜点和甜馅饼必备的材料，其特点是口感柔软、味道轻盈。卡仕达酱的应用很广泛，除了挤在面包表面做装饰，还可以夹在面包里、填入泡芙里做馅等。卡仕达酱完全冷却后即可使用，也可放入冰箱保存，最好当天使用完毕。

图 2-21　卡仕达酱

三、设备与用具

打蛋器、奶锅、大方盘、橡胶铲、蛋扫。

四、实验原料

牛奶 1kg、香草籽 1 个、橙皮 1 片、咖啡豆（意式浓缩咖啡用）3 粒、蛋黄 200g、黄油（凉的）20g、白砂糖 300g、低筋面粉 100g。（可制作约 1.5kg 的卡仕达酱。）

五、工艺流程

煮奶 → 蛋黄糊制作 → 混合煮制 → 冷藏 → 成品

六、操作要点

（一）煮奶

锅中倒入牛奶、切好的香草籽、咖啡豆和橙皮，中火煮，让香味渗出。

（二）蛋黄糊制作

碗中倒入蛋黄和白砂糖，用打蛋器打泡直到发白为止；加入低筋面粉，搅拌至看不到粉末为止。

（三）混合煮制

将煮好的牛奶分两次加入蛋黄糊中，粘在锅面上的牛奶膜用橡胶铲轻轻剥落。过滤混合后的牛奶与蛋黄糊，将其倒进锅中，再放入香草籽大火煮，同时用打蛋器打泡，煮沸后调到中火，搅拌着再煮几分钟，使其有光泽、有黏稠感，让鸡蛋和牛奶呈香浓的状态。关火后，加入黄油搅拌。

（四）冷藏

将卡仕达酱倒进大方盘中铺成薄薄的一层，用保鲜膜包住，放到冰箱中冷藏保存。待凝固后，随用随取，用橡胶铲充分搅拌直到变得柔软且有光泽。

备注：

在混合煮制时，如果一开始就用中火，则水分会被蒸发掉，缺少柔滑感，所以要大火煮沸。很多人煮沸之后马上关火，这样不能使卡仕达酱达到最佳美味，光泽度和黏度都不够，也会留有粉末。等粉变成黏稠状时，再用中火熬煮。但也不可熬煮太久，否则会出现凝块，需要注意观察并把握好时间。

七、成品特点

形态：黏稠，有光泽，呈现香浓的特殊奶油。

气味：有着咖啡豆与橙皮浓厚的味道和华丽的香味。

口感：口感柔软，味道轻盈。

八、思考题

牛奶与蛋黄糊混合煮制时应如何控制火候以保证成品品质？

实验二十二　奶油酥棒的制作

一、实验目的

（1）掌握奶油酥棒的制作方法。

（2）理解奶油酥棒制作的基本原理。

二、产品简介

奶油酥棒（Cannoncini 如图 2-22 所示）即奶油馅的筒形派，盛行于意大利半岛，是把多层派面饼卷成圆锥形蛋卷状，里面填进卡仕达酱或纯奶油，做成小型筒状派然后烤制而成的。其中，Cannon 是大炮的意思，所以 Cannoncini 是小型大炮的意思。法式面点中注重的是派的酥脆和清爽的口感，为了避免面饼吸收奶油的水分，通常在卖出去之前现填奶油。但在意大利正好相反，他们认为奶油和面饼融为一体，面饼只有吸收了奶油水分，口感才是最棒的，于是烤制之前便加奶油馅料。

图 2-22　奶油酥棒

三、设备与用具

奶油酥棒用的轴（长 11.5cm、直径 1.2cm）20 根（用粗铅笔代替也可），裱花嘴（圆形 7 号）、电子秤、打面机、不锈钢盆、打蛋器、发酵箱、烤箱、筛子、刀具、盘子。

四、实验原料

多层派面饼（千层酥皮）350g、卡仕达酱（甜点奶油）240g、海绵蛋糕（西班牙磅蛋糕）240g、黄油（柔软的）100g、软糖 80g、糖粉 20g、白砂糖适量、黑樱桃甜酒适量。（可制作长度为 6cm 的奶油酥棒 40 个。）

五、工艺流程

准备工作 → 黄油奶油制作 → 筒形派成形 → 烤制 → 包酥 → 卷轴 → 成品

六、操作要点

（一）准备工作

拆掉海绵蛋糕的切边后捣成肉松状，用浅筐筛面包碎后做成碎末。

（二）黄油奶油制作

碗中倒入黄油、软糖和糖粉，用起泡器发泡，再加入黑樱桃甜酒搅拌。

（三）筒形派成形

擀出厚 0.2cm、长 40cm、宽 30cm 的多层派面饼，卷成宽 2cm、长 30cm 的条状。把面团一端紧紧贴着轴，旋转卷好，每条最好卷成 11～12 个卷，包上保鲜膜放入冰箱中冷藏（或冷冻）约 12h。将面团放在布上，中间用刀边旋转边切出刀口。方平底盘铺一层白砂糖，上面放面饼后滚动让面饼侧面和下面都粘上白砂糖，没有粘上白砂糖的那一面朝下放，用手轻轻按压防止掉落，再撒上糖粉。

（四）烤制

将筒形派放到 230℃的烤箱中烤 12～15min，等表面的糖粉融化，将烤箱温度调整到 200℃再烤 2min，让糖粉变成焦糖。关掉烤箱的火后蒸 2min，取出来散热，以中间刀口为中心轻轻拧断分成 2 个，取出轴。

（五）包酥

裱花袋中倒入卡仕达酱，从刀口处填进去，上面涂上黄油奶油，再撒上用海绵蛋糕的边制作的面包屑。

（六）卷轴

多层派面饼卷到轴上时，最好是面饼的边有一半能够重叠。不要卷得太紧，卷得自然一点有松软的口感。

七、成品特点

形态：色泽金黄，图案别致。

口感：酥脆适口，香醇回甘。

八、思考题

多层派面饼沿轴卷起时如何控制其紧实度？为什么？

实验二十三　沙粒蛋糕的制作

一、实验目的

（1）掌握沙粒蛋糕的制作方法。

（2）理解沙粒蛋糕制作的基本原理。

二、产品简介

沙粒蛋糕（Torta sabbiosa，如图 2-23 所示）寓意"像沙子一样脆酥酥的蛋糕"，盛行于意大利的伦巴第大区、威尼托州。它是一种黄油蛋糕，如海绵蛋糕一样，需要用鸡蛋发泡，有种轻盈的口感，在舌尖上呼噜噜地破掉，所以取名为"Sabbiosa"，即像沙子一样脆酥酥。制作沙粒蛋糕的面粉和淀粉按基本上同样的比例搭配，但本实验用 100％淀粉，蛋糕会呈现更加细腻沙沙的轻盈感，入口即化。

图 2-23　沙粒蛋糕

三、设备与用具

上宽下窄模具（口径 22cm/16cm）、烤箱、电子秤、不锈钢盆、打蛋器、橡胶铲、筛子、刀具、盘子。

四、实验原料

搅打好的蛋液 150g、白砂糖 250g、黄油（常温）170g、淀粉 370g、烘焙粉 0.1g、香草粉 0.2～0.3g、盐少许、装饰用糖粉适量。（可在口径 22cm/16cm 的上宽下窄模具中制作 1 份。）

五、工艺流程

六、操作要点

（一）模具预处理
上宽下窄模具中涂上澄清好的黄油，撒上高筋面粉、淀粉。
（二）蛋液预处理
搅拌机中放入打好的蛋液、白砂糖和盐，用打蛋器搅拌均匀，倒入 50g 的水中。在蛋液接近 35℃时，轻轻搅打，防止鸡蛋膨胀，使蛋液柔软黏稠。
（三）加入黄油
将蛋液倒入碗中，一边一点点地加入黄油，一边用打蛋器搅拌乳化，最后效果像稀的蛋黄酱。
（四）加入淀粉
一点点地加入淀粉，用橡胶铲做切的动作去搅拌，等没有粉末之后再加入烘焙粉和香草粉搅拌，最后做成类似卡仕达酱的黏度。
（五）烘烤
将面液倒入模具中，放到 180℃的烤箱中烤 40min。烤好后，去掉模具散热，上面撒上装饰用糖粉。

备注：
（1）除了 100%淀粉的比例外，用其他比例如 70%淀粉和 30%面粉或 50%淀粉和 50%面粉制作出的沙粒蛋糕风味。
（2）面液填充到模具中时要从模具的四周开始填充，最后填到中心点，这样整体自然就会平坦。不用故意弄平表面，蛋糕也会烤得松软。

七、成品特点

形态：色泽金黄，质地轻盈。
口感：如沙粒般酥脆，入口即化。

八、思考题

沙粒蛋糕与海绵蛋糕的区别是什么？

实验二十四 挞面饼的制作

一、实验目的

（1）掌握挞面饼的制作方法。

（2）理解挞面饼制作的基本原理。

二、产品简介

挞面饼（图2-24）又称酥挞皮，挞有着"一种用柔软的面粉精心制作的面食"的意思。与法式挞面饼相比，意式挞面饼的特征就是强调咸味，突出面的美味。此外，制作挞面饼时多用柠檬皮或柠檬香精或香草香精来提香。挞面饼主要有A、B、C 3 类配方，A 类配方比C 类配方中多加了鸡蛋和蜂蜜，所以有醇厚的味道。因为加入了烘焙粉，所以食用起来会很蓬松。

图2-24 挞面饼

三、设备与用具

电子秤、打面机、不锈钢盆、打蛋器、发酵箱、烤箱、筛子、刀具、盘子。

四、实验原料

（一）挞面饼 A 类原料（口味醇厚的配方）

面粉（Type00）500g、烘焙粉 4g、黄油（常温）300g、盐 2g、白砂糖 225g、蛋黄（凉的）40g、搅打好的蛋液（凉的）25g、蜂蜜 8g、香草香精数滴、柠檬香精数滴。（可制成约 1.1kg 的挞面饼。）

（二）挞面饼 B 类原料（加入猪油的传统式配方）

面粉（Type00）500g、黄油（常温）180g、猪油 70g、盐 2g、白砂糖 220g、蛋黄（凉的）20g、搅打好的蛋液（凉的）100g、蜂蜜 15g、香草香精数滴、柠檬香精数滴。（可制成约 1.1kg 的挞面饼。）

（三）挞面饼 C 类原料（简单的标准配方）

面粉（Type00）450g、黄油（常温）300g、盐 2g、白砂糖 200g、蛋黄（凉的）40g、柠檬香精数滴。（可制成约 990g 的挞面饼。）

五、工艺流程

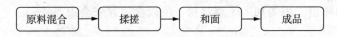

原料混合 → 揉搓 → 和面 → 成品

六、操作要点

（一）挞面饼 A 类做法

1. 原料混合

打面机中放入黄油、白砂糖、盐、蜂蜜、香草香精、柠檬香精，低速搅打，直到各种材料充分混合。

2. 揉搓

将蛋黄和搅打好的蛋液一点点加入上述混合后的面团中揉搓，用橡胶铲把粘在碗壁上的面团刮下来。

3. 和面

面团中加入面粉、烘焙粉，再低速搅拌。搅拌时，搅拌刀头从表面慢慢往下搅打均匀，之后把面团和匀。

4. 成品

将和匀的面团放到硅胶垫上，硅胶垫的两边覆在面团上。之后用手掌把面团压平，做成厚度为 2cm 的长方体。将长方体面饼用保鲜膜包裹后放到冰箱中冷藏 3h 以上（放置 1 天更好）。

（二）挞面饼 B 类做法

南意大利的挞面饼中多加入猪油，将猪油与黄油相混合，该做法与 A 类做法相同。

（三）挞面饼 C 类做法

挞面饼 C 类做法是用非常基本的食材做出标准型挞面饼的做法，该做法顺序与 A 类做法相同。

备注：

如果一次将鸡蛋全部倒进碗中，则很难搅拌均匀。另外，搅拌到一定程度后用橡胶铲把粘在侧壁上的面团刮掉一起搅拌才会均匀。加入各种粉之后不要过分揉搓，最好是剩下一些没有揉进面团中的粉。

七、成品特点

形态：色泽金黄，质地轻盈，层次清晰。
口感：香气浓郁，口感酥脆，入口即化。

八、思考题

不同挞面饼的做法的主要区别是什么？

实验二十五 水果馅饼的制作

一、实验目的

（1）掌握水果馅饼的制作方法。

（2）理解水果馅饼制作的基本原理。

二、产品简介

水果馅饼（Crostata di futta，如图 2-25 所示）据说是在 16 世纪左右出现的基础馅饼。它是在烤好的意大利馅饼上铺一层卡仕达酱或放上应季的水果。意大利馅饼的基本特点是面饼做得厚、烤得彻底、涂有满满的糖浆。以前水果馅饼多数只放单种水果如黄桃或无花果，现在会放浆果、柑橘、李子、奇异果等水果，使得其颜色丰富且华美。

图 2-25 水果馅饼

三、设备与用具

挞模具、烤箱电子秤、和面机、不锈钢盆、打蛋器、筛子、刀具、盘子。

四、实验原料

挞面饼（酥挞皮）200g、海绵蛋糕（西班牙磅蛋糕，切成直径 16cm、厚度 1cm 的片）、卡仕达酱（甜点奶油）250g、黑樱桃甜酒糖浆 60g、草莓 18 粒、树莓 26 粒、黑莓 10 粒、蓝莓 20 粒、红醋栗（红加仑）1 串、薄荷叶适量、镜面果胶（无色）、装饰用糖粉适量、白砂糖适量。（可在直径 18cm 的挞模具中制作 1 份。）

五、工艺流程

六、操作要点

（一）原料预处理

取 5 颗草莓留蒂用于装饰，剩下 13 颗去蒂，纵向对半切。

（二）挞面饼烤制

将挞面饼擀成 4～5mm 的厚度，填到意大利馅饼的模具中。擀面杖放到模具上滚动并把四周多出来的面饼擀断，在面饼下面用叉子插孔。面饼放到冰箱冷藏 1h 后，上面放上压板，放到 180℃ 的烤箱烤 25min，取出散热。

（三）涂抹酱料

面饼上涂上足量的黑樱桃甜酒糖浆，直到糖浆渗出来。涂一半卡仕达酱，上面放上海绵蛋糕后再涂 30g 黑樱桃甜酒糖浆。再将剩下的卡仕达酱涂成小山高。

（四）撒水果

将去蒂的草莓随意撒在上面，撒上一半山莓，把草莓留下的空填上，再放上黑莓、蓝莓，上面涂上镜面果胶。将留蒂的草莓切成两半，切口朝上放置，上面再涂镜面果胶，撒上剩下的山莓和装饰用糖粉。将红醋栗上面涂上镜面果胶之后再撒白砂糖，放到正中央。撕开薄荷叶点缀上，在挞四周撒上装饰用糖粉。

七、成品特点

外形：底如圆盘、状如小山、色形丰富、富有光泽。
口感：底部饼皮酥脆、中部蛋糕绵软、上部酱汁丰富、果香扑鼻。

八、思考题

挞面饼烤制前如何预处理？

实验二十六　意式杏仁脆饼的制作

一、实验目的

(1) 掌握意式杏仁脆饼的制作方法。

(2) 理解意式杏仁脆饼制作的基本原理。

二、产品简介

意式杏仁脆饼（Cantucci，图 2-26）寓意为加入杏仁的饼干，它是世界著名的饼干代表，因起源于意大利的托斯卡纳州而被冠以托斯卡纳州一个地区的名字。意式杏仁脆饼还被称作"普拉多饼干"。1858 年，安东尼奥·马太（Antonio Mattei）在普拉多开店并开始卖饼干，故而得名。意式杏仁脆饼上放有杏仁，形成饼干基本的味道；面团上没有放油，面团不均一，使得其有气泡，最终形成酥脆脆的口感。

图 2-26　意式杏仁脆饼

三、设备与用具

电子秤、打面机、不锈钢盆、打蛋器、烤箱、筛子、刀具、盘子。

四、实验原料

砂糖 200g、盐 0.5g、食用碳酸氢铵（起蓬松发酵作用）3g、香草粉（或香草香精）0.2～3g、茴芹粉 0.2～0.3g、鸡蛋 100g、蛋液适量、小麦面粉（Type00）250g、杏仁（去皮，整颗）200g。（可制作 80 个意式杏仁脆饼。）

五、工艺流程

六、操作要点

（一）原料预处理

小麦粉过筛，将杏仁放进 180℃的烤箱中烘烤 12min。

（二）面团制作

将砂糖、食用碳酸氢铵、盐、香草粉、茴芹粉放入打面机中，轻轻搅拌，加入鸡蛋搅拌，再放入小麦面粉搅打。在面粉完全混合成团之前将杏仁放入，低速搅拌。

（三）醒置

将面团取出，分成 2 份，撒上扑粉，将其揉成长度为 60cm 的棒状，放置在烤盘上，在常温下放置 1 天，使表面稍微干燥。

（四）第一次烤制

为了防止底部受热过多，在烤盘上放一层钢网，在下方加一层烤盘。面团上涂上一层蛋液，放进 200℃的烤箱烤制 18min。

（五）第二次烤制

将烤制出来的饼干散热，然后斜切成宽 1cm 的饼干，摆放在烤盘上，在 160℃的烤箱中烤制 15～25min（中途翻个面），烤好后散热。

备注：

大量制作意式杏仁脆饼时，揉面粉时杏仁容易碎。因此，建议面粉揉好后再把杏仁贴上去。

七、成品特点

形态：色泽金黄，表面有气泡，纹路清晰。

口感：有饼干基本的味道，口感酥脆，入口即化。

八、思考题

影响意式杏仁脆饼成品品质的关键技术要点是什么？

实验二十七　泡芙面饼的制作

一、实验目的

(1) 掌握泡芙面饼的制作方法。

(2) 理解泡芙面饼制作的基本原理。

二、产品简介

泡芙是用奶油、鸡蛋、低筋面粉等材料制作而成的一道甜品。其中，奶油的脂肪含量比牛奶增加了 20～25 倍，而其余的成分如非脂乳固体（蛋白质、乳糖）及水分都大大降低，是维生素 A 和维生素 D 含量很高的调料。泡芙面饼（图 2-27）又称奶油松饼，在意大利指泡芙类。意大利的泡芙强调咸味，充分烤制直到面点烤出深色，比起挞面饼和多层派面饼更加以咸味著称。如果制作泡芙面饼，则应趁温热时马上烤制成型，其会立刻膨胀。

图 2-27　泡芙面饼

三、设备与用具

烤箱、电子秤、打面机、不锈钢盆、打蛋器、筛子、刀具、盘子、裱花嘴（圆形 10 个）。

四、实验原料

牛奶 300g、水 300g、黄油（柔软的）270g、盐 12g、白砂糖 24g、面粉（Type00）330g、搅打好的蛋液 500g。（可制作约 1.5kg 的泡芙面饼。）

五、工艺流程

原料预处理 → 面糊制作 → 加入蛋液 → 调制面糊 → 烤制 → 成品

六、操作要点

（一）原料预处理

融化黄油，一开始用小火融化。如果使用冷黄油，则即便牛奶煮沸也很难融化，所以面团很容易散开。

（二）面糊制作

锅中倒入牛奶、水、盐、白砂糖和黄油，先小火后大火煮沸，让黄油充分融化。关火后加入面粉，用木质搅拌勺搅拌，熬干剩下的水分后继续熬到锅底有锅巴出现为止。

（三）加入蛋液

打面机中加入制作好的面团，趁热加入一半鸡蛋液，中速搅拌，再把剩下蛋液的 2/3 加进去拌匀。

（四）调制面糊

剩下的蛋液视面糊的拉伸情况酌情加入。把面糊取出，如果粘在搅拌刀上的面糊均匀且呈漂亮的三角形，就说明面糊制作很成功；如果非常短或为锯齿状，就说明面糊还很硬，要把蛋液加入再搅拌。

（五）烤制

裱花袋中装进泡芙面糊，在硅胶垫上挤出一个个圆形面团（泡芙的直径为 3cm，蘑菇泡芙或天鹅泡芙的直径为 5cm）。面团一烤就会膨胀，所以最好有 3cm 以上的间隔，全部用喷雾喷水，然后在 210℃的烤箱中烤 15min，降到 180℃后再烤 10min。

备注：

（1）面糊的软硬度会根据泡芙的大小而有略微的变化。一般来说，如果制作奶油馅面点，面糊就要硬一些；如果制作泡芙，就要软一些。

（2）制作 1 个直径为 2cm 的迷你泡芙大约需要 8g 面团，制作 1 个直径为 4～5cm 的泡芙需要 20g 面团。

七、成品特点

形态：色泽金黄，表面酥松，形如蘑菇。

口感：香气浓郁，蓬松柔软，入口即化。

八、思考题

影响泡芙面饼成品品质的关键技术温度与时间如何控制？

实验二十八　手指饼干的制作

一、实验目的

（1）掌握手指饼干的制作方法。

（2）理解手指饼干制作的基本原理。

二、产品简介

手指饼干（图 2-28）是意大利著名的饼干，它的外形细长，类似手指的形状，质地很干燥，非常香甜，清爽可口，简单易学。它可以直接食用，也可以作为面点材料使用。

图 2-28　手指饼干

意大利人经常使用手指饼干制作糕点，除了提拉米苏，冰激淋、慕斯等甜点中，也常见手指饼干。手指饼干的质地有些类似干燥过的海绵蛋糕，能够吸收大量的水分，所以很适合做提拉米苏的基底及夹层。

三、设备与用具

烤箱、电子秤、打面机、不锈钢盆、打蛋器、橡胶铲、筛子、刀具、盘子、裱花嘴（圆形 10 个）。

四、实验原料

（1）蛋液配料：搅打好的蛋液 100g、蛋黄 100g、白砂糖 200g、盐少许。

（2）蛋清酥皮：蛋清 150g、白砂糖 80g、面粉（T 00）280g、淀粉 40g、糖粉适当。

（以上原料可制作约 50 条的手指饼干。）

五、工艺流程

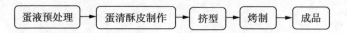

六、操作要点

（一）准备工作

金属板上涂一层薄薄的黄油，撒上面粉和淀粉。

（二）蛋清酥皮制作

打面机中加入蛋液、蛋黄、白砂糖、盐，搅拌开后用搅拌机快速打泡，直到蛋液能够拉出锦缎般的长丝。蛋清用打蛋器快速打泡，白砂糖分 3 次加入，做成棱角分明的打至 9 分的蛋清酥皮。取蛋清酥皮的 2/3 倒入可拉出长丝的蛋液中，用橡胶铲搅拌至 7 成匀，倒入粉（面粉、淀粉），搅拌到 8 成匀停止，剩下粉末没拌匀也没有关系。将剩下的 1/3 蛋清酥皮轻轻发泡后重新整理纹路，倒入拌匀的面团中充分搅拌。

（三）挤型

把搅拌好的面团倒进裱花袋中，挤出长约 10cm 的饼干条（宽 1.5cm、厚 1cm）。撒上较多糖粉把饼干条的侧面都包裹住，把板子翻过来使劲抖动，让多余的糖粉掉落（饼干条不会掉下来）。

（四）烤制

将饼干条放入 220～230℃ 的烤箱中烤 7～8min。

备注：

手指饼干如果放在提拉米苏中，就要烤得更干一些，让手指饼干能够充分吸收糖浆。烤好后的手指饼干要放凉散热。等水分烤干后变脆，一掰就断。手指饼干如果出售，就要用 14～15 号裱花嘴来制作，烤好后马上拿起散热，要做得软绵柔嫩。

七、成品特点

形态：色泽金黄，形如手指，光滑紧致。
口感：香气浓郁，又脆又轻，爽脆可口。

八、思考题

1. 手指饼干成品有何特点？
2. 如何保存手指饼干？

实验二十九　香糯糕的制作

一、实验目的

（1）了解香糯糕的一般制作过程、基本原理和操作方法。

（2）了解香糯糕馅心的制作过程。

二、产品简介

雪媚娘源自日本，原名为"大福"，是日本的地道点心之一，其外表皮是Q弹的雪媚娘冰皮，馅料以当季的水果为主。雪媚娘细白软糯，第一口咬到的是特别Q弹、有嚼劲的冰皮，里面是奶香怡人的淡奶油，裹着好吃的水果粒如芒果、草莓等，酸酸甜甜、口感丰富。雪媚娘冷藏后的口感更佳，轻轻一口下去，细软中带着隐隐的甜意和凉意。西茄雪媚娘沿用轻施手粉风格，内馅采用鲜果，是传统雪媚娘的重要流派。

香糯糕（图 2-29）是雪媚娘的改良品种，对造型、皮料的质地、内馅均进行了改良。产品外形更为俏皮可爱，色彩丰富，口感黏糯，具有良好的造型，同时也保持了其口感的Q弹性，内馅入口即化，酸甜可口。

图 2-29　香糯糕

三、设备用具

电子秤、铁碗、盆、擀面杖、蒸锅、炒锅、模具、硅胶刮、打蛋器。

四、实验原料

（1）面团材料：炼乳 30g、澄粉 30g、粘米粉 50g、糖粉 50g、糯米粉 50g、玉米油 30g、牛奶 230g。

（2）馅料：芒果、草莓、猕猴桃（自己喜欢的水果即可，切成小颗粒）、打发的奶油。

五、工艺流程

炒粉 → 蒸皮 → 揉皮 → 分割 → 制馅 → 造型 → 成品

六、操作要点

（一）制馅

将各种水果切成细小颗粒，将奶油提前打发好，装入裱花袋备用。

（二）炒粉

取适量糯米粉入锅炒熟，用作手粉之用（注意炒粉时锅内温度要低，否则很容易炒煳）。

（三）蒸皮

将澄粉、粘米粉、糖粉、糯米粉按比例混合，均匀放在碗内；将玉米油、牛奶、炼乳按比例混合，用硅胶刮搅拌均匀后倒入装有粉的碗内（可在此时调入颜色，使成品色泽更加诱人），并迅速将它们混合均匀。将原料混合均匀后装在碗中盖上保鲜膜（注意在保鲜膜上戳几个小孔），放入蒸锅，中火蒸 25min。

（四）揉皮

将蒸好的面团划开加速冷却，冷却后用刮刀取出面团，将表面的油不断地揉进面团中至表面顺滑，直至无明显油迹。

（五）包馅

将面团分成 30g/个的面剂，桌上撒点熟糯米粉，将面团揉成中间厚、四周薄的饼皮状，放入适量馅心，手指捏住边缘不断向前收褶子。

（六）造型

将有褶子的一面朝下，并不断旋转揉搓均匀，待表面基本光滑后放入模具中压制成型（注意压型时不宜用力过猛，防止馅心漏出来；也不宜太轻，否则形状不明显）。

七、成品特点

形态：十二生肖小动物憨态可掬，色彩斑斓，十分诱人。

口感：细甜软糯，外皮 Q 弹，包裹奶油与水果粒，酸酸甜甜，口感丰富，冷藏风味更佳。

八、思考题

香糯糕制作原料中澄粉、粘米粉、糖粉、糯米粉的作用是什么？

参 考 文 献

[1] 马俪珍, 刘金福. 食品工艺学实验 [M]. 北京: 化学工业出版社, 2016.

[2] 洪璇, 王丽霞, 陈仲巍, 等. 玫瑰茄天使蛋糕加工工艺的研究 [J]. 食品研究与开发, 2017, 38 (18): 82-86.

[3] 吴海霞. 蛋糕的分类探讨 [J]. 轻工科技, 2016, 32 (11): 14-16.

[4] 周晔. 烘烤类糕点制作分析 [J]. 现代商贸工业, 2013, 25 (4): 192.

[5] 黄益前, 苏扬. 豆浆天使蛋糕的工艺优化 [J]. 粮油食品科技, 2014, 22 (1): 46-52.

[6] 何清波. 低糖香草天使蛋糕生产工艺条件优化 [J]. 农业工程, 2018, 8 (5): 69-73.

[7] 早春娟. 玫瑰曲奇饼干的制作 [J]. 现代食品, 2018 (23): 160-163.

[8] 陆启玉. 粮食食品加工工艺学 [M]. 北京: 中国轻工业出版社, 2005.

[9] 赵敏. 全麦法棍的制作工艺 [J]. 现代食品, 2017 (24): 126-128.

[10] 韩冬, 樊祥富, 汪海涛. 法式长棍面包酵头发酵技术探析 [J]. 现代食品, 2017, 6 (11): 95-98.

[11] 尤香玲, 徐向波. 面包制作中关键技术的要点分析 [J]. 农产品加工: 下, 2018 (12): 50-52.

[12] 刘少阳, 豆康宁, 岳晓研, 等. 发酵方法对面包烘焙品质的影响 [J]. 粮食与油脂, 2018, 31 (2): 23-24.

[13] 豆康宁, 吕银德, 赵俊芳. 发酵方法对面包老化的影响 [J]. 粮食加工, 2017, 42 (2): 68-69.

[14] 尤香玲, 徐向波. 甜面包制作工艺研究 [J]. 江苏调味副食品, 2018 (3): 25-27.

[15] 边疆. 甜面包制作工艺 [J]. 农民科技培训, 2003 (11): 19-20.

［16］张元培．比萨饼和意式面食品的规模化生产［J］．粮油食品科技，2003，11（1）：40－41．

［17］吴酉芝，陈菲，吴琼等．快速披萨制作工艺的研究［J］．食品工业，2017，38（9）；32－35．

［18］彭景．烹饪营养学［M］．北京：中国纺织出版社，2008：7．

［19］秦辉，蒋湘林．西饼房岗位实务［M］．重庆：重庆大学出版社，2015．

［20］文连奎，张俊艳．食品新产品开发［M］．北京：化学工业出版社，2010．

［21］夏文水．食品工艺学［M］．北京：中国轻工业出版社，2014．

［22］李云捷，黄升谋．食品营养学［M］．成都：西南交通大学出版社，2018．

［23］李鸿崑．中国饮食科学技术史稿［M］．杭州：浙江工商大学出版社：｛3｝，201504.330．

［24］段金枝．风味面点制作［M］．重庆：重庆大学出版社，2015．

［25］王芳．西餐原料鉴别与选用［M］．重庆：重庆大学出版社，2015．

［26］李国平．粮油食品加工技术［M］．重庆：重庆大学出版社，2017．

［27］仇杏梅．中式面点综合实训［M］．重庆：重庆大学出版社，2015．

［28］许启东．中式烹调技艺［M］．重庆：重庆大学出版社，2015．

［29］靳国章．饮食营养与卫生［M］．重庆：重庆大学出版社，2015．

［30］杨建军．消化与营养［M/OL］．银川：阳光出版社，2019：452［2022－01－15］．https：//thinker.cnki.net/bookstore/Book/bookdetail?bookcode＝9787552547399000＆type＝book．

［31］尤金・N安德森．中国食物［M］．马孆，刘东，译．南京：江苏人民出版社，2003．

［32］余德平，骆剑华，李小华．中餐烹饪制作［M］．重庆：重庆大学出版社，2016．

图书在版编目(CIP)数据

面点工艺学实验技术/张敏主编. —合肥:合肥工业大学出版社,2024.9
ISBN 978-7-5650-5513-3

Ⅰ.①面… Ⅱ.①张… Ⅲ.①面点-制作 Ⅳ.①TS972.116

中国版本图书馆 CIP 数据核字(2021)第 215861 号

面点工艺学实验技术

张　敏　主编　　　　　　　　　责任编辑　马成勋

出　版	合肥工业大学出版社	版　次	2024 年 9 月第 1 版
地　址	合肥市屯溪路 193 号	印　次	2024 年 9 月第 1 次印刷
邮　编	230009	开　本	710 毫米×1010 毫米　1/16
电　话	理工图书出版中心:15555129192	印　张	15.75
	营销与储运管理中心:0551-62903198	字　数	291 千字
网　址	press.hfut.edu.cn	印　刷	安徽联众印刷有限公司
E-mail	hfutpress@163.com	发　行	全国新华书店

ISBN 978-7-5650-5513-3　　　　　　　　　　　　定价：48.00 元

如果有影响阅读的印装质量问题,请与出版社营销与储运管理中心联系调换。